Neuzeitliche Betriebsführung und Werkzeugmaschine

Theoretische Grundlagen

Beiträge zur Kenntnis der Werkzeugmaschine und ihrer Behandlung

Von

Professor E. Toussaint

Berlin-Steglitz

Mit 86 Textfiguren

Berlin
Verlag von Julius Springer
1918

Alle Rechte, insbesondere
das der Uebersetzung in fremde Sprachen, vorbehalten.

ISBN-13: 978-3-642-98169-2   e-ISBN-13: 978-3-642-98980-3
DOI: 10.1007/978-3-642-98980-3

Sonderabdruck
aus der Zeitschrift des Vereines deutscher Ingenieure.

Vorwort.

Das vorliegende Bändchen soll den Betriebsmann, vielleicht auch den Konstrukteur von Werkzeugmaschinen, auf eine Reihe von Punkten aufmerksam machen, die nach Ansicht des Verfassers beim Bau und bei der Verwendung von Werkzeugmaschinen noch nicht die genügende Beachtung finden.

Die in diesem Bändchen enthaltenen theoretischen Grundlagen sollen die Abnehmerkreise dazu veranlassen, von übertriebenen Forderungen nach Universalmaschinen Abstand zu nehmen und dem Werkzeugmaschinenbau die Arbeit dadurch zu erleichtern, daß mehr und mehr Sondermaschinen gefordert werden, die billiger und für die betreffende Arbeit leistungsfähiger gebaut werden können. Vor allem wird vor der Gepflogenheit gewarnt, unnötig viele Drehzahlen und Vorschübe für die Werkzeugmaschine zu verlangen, von denen nur ganz wenige tatsächlich gebraucht werden. Besonders die größeren Betriebe können in der Beziehung noch außerordentlich viel tun, indem sie die Werkzeugmaschinen nur für bestimmte Gruppen von Werkstücken verwenden. Dieselbe Werkzeugmaschine kann einmal mit großer Drehzahl des Deckenvorgeleges für dünne Werkstücke, die zwischen Spitzen gearbeitet werden und deshalb über den Sapport noch durchgehen, verwendet werden; andererseits kann man die gleiche Maschine ohne Aenderung ihrer Drehzahlen-Anordnung für Planarbeiten und überhaupt für größere Durchmesser verwenden, wenn man das Deckenvorgelege langsamer laufen läßt usw.

Sollte dieses Bändchen Anklang finden, so wird beabsichtigt, weitere folgen zu lassen, die sich mit der kritischen Betrachtung der Getriebe beschäftigen, die für den Schnitt-

und Vorschubantrieb der Werkzeugmaschinen in Frage kommen. Der Betriebsmann und auch der Konstrukteur von Werkzeugmaschinen soll so in die Lage versetzt werden, das Gute vom weniger Guten zu sondern, und es soll ein weitgehendes Verständnis angebahnt werden zwischen Hersteller und Verbraucher.

Ueberhaupt sollen in diesen Veröffentlichungen wichtige Fragen der Betriebsführung behandelt werden, soweit sie die Werkzeugmaschine und ihre Anwendung betreffen.

Das Erscheinen der einzelnen Bändchen wird in zwangloser Folge geschehen und den besonders wichtigen Forderungen des Tages entsprechen.

Der Verfasser bittet die Leser, und zwar sowohl die aus den Erzeuger- als auch die aus den Verbraucherkreisen, ihn auf Fehler aufmerksam zu machen, die in dem vorliegenden Bändchen und auch in den folgenden sicher enthalten sein werden. Es steht zu hoffen, daß aus diesem gemeinsamen Zusammenarbeiten von Wissenschaft und Praxis eine ersprießliche Förderung des deutschen Werkzeugmaschinenbaues und eine sinngemäßere Verwendung der hergestellten Maschinen entspringen wird.

Berlin-Steglitz, im September 1918.

E. Toussaint
Berlin-Steglitz.

Es bedeutet im Text und in den Fußnoten:
Z: Zeitschrift des Vereines deutscher Ingenieure.

Inhaltsverzeichnis.

Einleitung 7
Die Werkzeugmaschine und ihre Werkzeuge.
    Die Aufgaben der Werkzeugmaschine 8
    Die abzunehmende Spanschicht 9
    Die Werkzeuge und ihre Zerspanungsarbeit 10
    Entstehung des Spanes, Abscherwinkel 10
    Die Werkzeugwinkel und ihr Einfluß auf die Zerspanungsarbeit 12
    Stellung des Werkzeuges beim Drehen 13
    Einfluß von Spantiefe und Seitenschaltung, Haupt- und Nebenschneide 16
    Verrundung des Ueberganges und ihr Einfluß auf die Beschaffenheit der stehenbleibenden Oberfläche 17
    Das Schleifen der drei Arbeitsflächen 19
Der Aufbau der Werkzeugmaschinen.
    Grundlagen für den Aufbau der Werkzeugmaschinen . . . 22
    Die Spitzendrehbank 22
    Die Hobel- und Stoßmaschinen 24
    Die Planfräsmaschine 27
    Die Rundschleifmaschine 29
    Die Planschleifmaschine 31
    Die Stirnschleifmaschine 32
    Die Bohrmaschine und die Arbeit des Bohrers 33
Ausführung der Haupt- oder Schnittbewegung.
    Theoretische Grundlagen für Ausführung der Haupt- oder Schnittbewegung 36
    Anordnung der Drehzahlen 36
    Die arithemische Reihe 37
    Die geometrische Reihe 40
    Gleichbleibender Schnittgeschwindigkeitsabfall 41
    Das Sägendiagramm und seine Anwendung im Betriebe . . 41
    Bedeutung und Größe des Quotienten φ der geometrischen Reihe, je nach Art der Werkzeugmaschine 44

Forderungen des Betriebes an den Werkzeugmaschinenkonstrukteur 45
Wahl des Quotienten φ, je nach Art der Werkzeugmaschine 46
Anordnung der Drehzahlen bei der Rundschleifmaschine . . 47
Anordnung der Drehzahlen bei der Bohrmaschine 50
Entwurf und Untersuchung einer Drehzahlenreihe 51

Ausführung der Schalt- und Vorschubbewegung.

Theoretische Grundlagen für die Anordnung der Schaltbewegung 54
Die Drehbankschaltung abhängig von der Drehzahl des Werkstücks 54
Leistung der Drehbank 54
Sprung der Reihen für Schaltvorschübe 54
Schaltung der Hobel- und Stoßmaschinen in mm/Hub . . . 55
Anordnung der Schaltvorschübe in arithmetischer oder geometrischer Reihe? 56
Schaltung der Fräsmaschine in mm/min oder in mm/Uml. des Fräsers? 56
Vergleich von drei Fräsmaschinen mit verschiedene Anordnung der Schaltung 57
Schaltung der Rundschleifmaschine in mm/Umdr. des Werkstücks 60
Vergleich von zwei Rundschleifmaschinen mit verschiedener Anordnung der Schaltung 61
Die Massenarbeit bei der Tischumkehr kein Grund für falsche Anordnung des Schaltvorschubes 61
Schaltung der Bohrmaschinen in mm/Umdr. des Bohrers oder in mm/min? 65
Beispiel eines ausgeführten Schaltantriebes in mm/min . . 67
Vorschlag der Schaltanordnung für eine schwere Bohrmaschine 68
Die Abstechmaschine und ihre Schaltung 71
Abnahme der Schnittgeschwindigkeit 71
· Gleichbleibende Spanstärke 74
Gleichbleibende Schnittgeschwindigkeit und Spanstärke, ungünstige Arbeit des Werkzeuges 74
Gleichbleibende Schnittgeschwindigkeit, Schaltung gleichbleibend in mm/min, daher Abnahme der Spanstärke nach innen; günstige Arbeit des Werkzeuges 75
Drehzahl nimmt zu im Verhältnis 5 : 1, Schnittgeschwindigkeit annähernd gleich, Spantiefe nimmt nach der Mitte ab; günstige Arbeit des Werkzeuges 76

Einleitung.

Während in früheren Jahren die Sorge für Behandlung und Inbetriebnahme der Werkzeugmaschine, ja häufig sogar die für ihre Auswahl und Beschaffung, den Werkmeistern überlassen blieb, ist seit einigen Jahren die Erkenntnis von der Bedeutung dieses Teiles der Betriebswirtschaft, wenigstens in einer Anzahl der Betriebe so weit gestiegen, daß der Betriebsingenieur sich der Angelegenheit anzunehmen beginnt.

Erst in den letzten Jahren ist man an den technischen Lehranstalten aller Art dazu übergegangen, dem Unterricht in den Betriebswissenschaften und besonders der theoretischen Behandlung der Werkzeugmaschine die Aufmerksamkeit zuzuwenden, deren dieses wichtige Kapitel der Technik schon längst bedurft hätte. Im allgemeinen wird aber der aufmerksame Beobachter bemerkt haben, daß die Kenntnis der wesentlichen Punkte doch noch recht wenig Gemeingut der Betriebsleute geworden ist. Nicht selten hört man von den Werkzeugmaschinenfabrikanten bedauernd aussprechen, wie schwer es z. B. sei, den Betriebsleitern begreiflich zu machen, daß eine Werkzeugmaschine die angegebene Höchstleistung nur hergeben kann, wenn der Antriebsriemen die vorgeschriebene Geschwindigkeit hat. Auch bei Aufstellung der Maschinen werden oft die einfachsten Gesetze vernachlässigt, und daß eine Werkzeugmaschine während des Betriebes dauernd beobachtet, daß ihre Riemenspannung, daß die dauernd richtige Lage aller Teile gegeneinander einer fortwährenden Kontrolle unterzogen werden muß, ist leider erst in sehr wenigen unserer Betriebe klar erkannt worden.

Geht man nun aber erst zur Kenntnis vom Aufbau und den Getrieben über, die allein die Werkzeugmaschine zu ihren Leistungen befähigen, so begegnet man so eigentümlichen und so stark sich widersprechenden Ansichten, daß es vielleicht nicht ohne Bedeutung für den Ingenieur sein dürfte, einmal in großen Zügen sich mit dieser Aufgabe zu beschäftigen.

Ganz besonders aber dürfte jetzt die Zeit gekommen sein, wo die deutsche Industrie den vorstehend gekennzeichneten Fragen die höchste Aufmerksamkeit entgegenbringen muß. In dem nach dem Kriege ohne Frage einsetzenden schweren Wirtschaftskampf mit Amerika, unserm größten Konkurrenten auf maschinentechnischem Gebiete, wird uns eine der besten Waffen fehlen, deren wir uns den Amerikanern gegenüber bisher mit so gutem Erfolge bedient haben. Wir werden Arbeitslöhne zahlen müssen, die den in Amerika üblichen nicht mehr um viel nachstehen werden, und eine gründliche Umgestaltung unserer Betriebswirtschaft wird Platz zu greifen haben. Wir müssen außerdem damit rechnen, daß nach dem Krieg eine große Anzahl von Arbeitern vorhanden sein wird, die im Gebrauch ihrer Glieder mehr oder minder behindert sind. Automatische Maschinen, deren sich unsere Betriebe bisher, im Vergleich zu Amerika, nur in ganz geringem Maße bedienten, werden teils zur Verbilligung der Arbeit, teils zur Entlastung der Glieder des Arbeiters mehr als bisher eingestellt werden müssen.

Da ergibt sich denn die Frage, ob wir unsere jetzt gebräuchlichen, doch in ihrem Aufbau wesentlich einfacheren Maschinen schon so gut kennen, daß wir unsern Arbeitern die so sehr viel schwerer zu verstehenden Automaten anvertrauen dürfen.

Wir werden uns also notgedrungen und erheblich mehr als bisher mit der Kenntnis der Werkzeugmaschine befassen müssen, und es soll in nachstehenden Ausführungen versucht werden, diesem wichtigen Gebäude einige Bausteine zuzutragen. Was gebracht wird, ist keineswegs neu, aber vielleicht ist die Art der Darstellung doch an einigen Stellen einfacher, als es sonst üblich ist, und der guten Sache deshalb doch von Nutzen.

Die Aufgaben der Werkzeugmaschinen.

Alle spanabhebenden Werkzeugmaschinen für Metallbearbeitung haben die Aufgabe, eine Materialschicht vom Werkstück abzunehmen, die, je nach Art der Maschine und des arbeitenden Werkzeuges, von verschiedener Gestalt sein kann. In den Abbildungen 1 bis 4 sind in räumlichem

Koordinatensystem die verschiedenen Formen dieser Schicht dargestellt, deren Mannigfaltigkeit, wenn man von Sondermaschinen absieht und bei dieser grundlegenden Betrachtung nur die einfachsten Arbeitsvorgänge in Betracht zieht, bei weitem nicht so groß ist, wie man vielleicht annehmen sollte.

Die abzunehmende Spanschicht, Abb. 1 bis 4.

Wenn man die Rundfräsmaschine beiseite läßt, deren Bedeutung für den Betrieb zurzeit durch die Schnelldrehbank mit ihren hohen Spanleistungen etwas in den Hintergrund gedrängt wird, so ist in den dargestellten vier Abbildungen alles erschöpft, was an räumlichen Gebilden in Frage kommen kann. Daß die verschiedenen Maschinen diese Spanschichten in ganz verschiedener Weise zerspanen, daß infolgedessen Werkzeuge und Werkzeugbewegungen ganz verschiedener Art notwendig sind, ist selbstverständlich und soll an einigen Beispielen nachstehend ausgeführt werden. Jedenfalls ist es gut, wenn wir uns von vornherein daran

Gestalt der abzuhebenden Spanschicht.

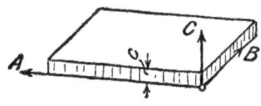
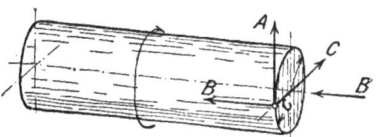

Abb. 1. Spanplatte, erzeugt auf der Hobel- und Stoßmaschine, der Planfräsmaschine, Stirnfräsmaschine und Schleifmaschine.

Abb. 2. Spanzylinder, erzeugt auf der Bohrmaschine.

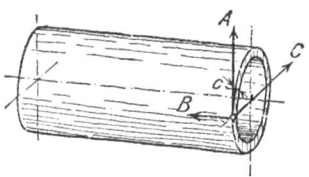
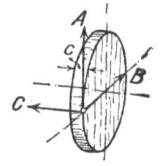

Abb. 3. Spanröhre, erzeugt auf der Spitzendrehbank und der Rundschleifmaschine.

Abb. 4. Spanplatte, erzeugt auf der Plandrehbank und der Abstechmaschine.

gewöhnen, an jeder Werkzeugmaschine diejenigen Arbeitsorgane aufzusuchen, die sie befähigen, ein räumliches Gebilde, d. h. eines mit drei Ausdehnungen abzutrennen, und erkennen, daß sie deshalb mit Vorrichtungen ausgerüstet sein muß, die Bewegungen in drei Richtungen vermitteln können.

Daß unter Umständen eine der drei Bewegungen fortfallen kann, weil die entsprechende Schaltung durch die Form des Werkzeuges von vornherein festgelegt wird, wie dies z. B. für den Bohrer zutrifft, ist klar; daß ferner unter Umständen Selbstgang nur für zwei, ja vielleicht nur für eine der drei Bewegungen in Frage kommt, wird von Art und Bedeutung der auszuführenden Arbeit in jedem Falle abhängen. Oft wird z. B. Anstellung der Spantiefe von Hand genügen, häufig wird bei Bohrmaschinen, Abb. 2, die Bewegung in der Richtung B durch die Hand des Arbeiters ausgeführt werden, aber immer sind die Antriebsorgane, die Führungen, und immer ist die Form der Werkzeuge auf Bewegung in drei Richtungen zuzuschneiden.

Die Werkzeuge und ihre Zerspanungsarbeit.

Die in den Abbildungen 1 bis 4 wiedergegebenen Gebilde stellen, wie schon erwähnt wurde, die Gesamtheit der Materialschicht dar, die in Einzelspänen durch die Werkzeugschneide abgetrennt wurde; im folgenden soll nun, im allgemeinen in Anlehnung an die bekannte Betrachtungsweise von Herm. Fischer, der Vorgang der Entstehung des Spanes an der Werkzeugschneide besprochen werden[1]).

Entstehung des Spanes, Abscherwinkel, Abb. 5 und 6.

Abb. 5 zeigt die Entstehung des ersten Spanes: das vor der Werkzeugschneide zusammengepreßte Material reißt unter einem Winkel η ein, dessen Größe Lindner[2]) zu $62° - \dfrac{\gamma}{2}$ angibt. Bei weiterem Vorrücken des Werkzeuges gegen das Werkstück schiebt sich dieser erste Span vor der Werkzeugbrust in die Höhe, und ein neuer Span entsteht durch neuerliches Einreißen, nachdem das Material eine weitere Stauchung erlitten hat. Die innere Zerrissenheit des abfließenden Spanes wird dadurch verdeckt, daß beim Emporgleiten

---

[1]) s. hierzu Z. 1897 S. 504 u. f.   [2]) Z. 1907 S. 1072.

an der Brust des Werkzeuges die entstehende Reibung eine Art Kaltschweißung ausübt, die die Einzelspäne oberflächlich vereinigt. Bei dieser Reibung des Spanes an der Werkzeugbrust tritt eine Erwärmung auf, die allmählich in Werkzeug und Werkstück eine unzulässig hohe Temperatur erzeugen würde, wenn nicht durch ausreichende Kühlung und starke Abmessungen des Werkzeuges für schnelle Ableitung des Wärmeüberschusses Sorge getragen wird. Selbstverständlich muß durch feinen Schliff der Werkzeugbrust dafür gesorgt werden, daß die Reibungszahl tunlichst klein bleibt, und ferner muß, wogegen oft gefehlt wird, das Werkzeug gute

Entstehung des Spanes an der Werkzeugschneide.

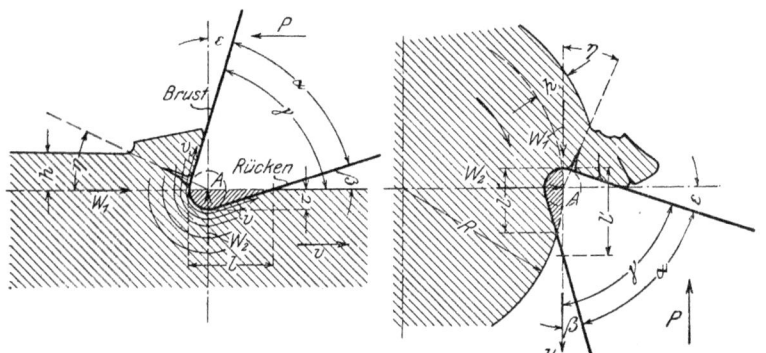

Abb. 5. Arbeit des Hobelstahles.   **Abb. 6.** Arbeit des Drehstahles.

Anlage in großen Flächen haben, damit die Wärme schnell auf die größeren Metallmassen des Schlittens usw. übertragen wird.

Erfordert so die durch Reibung an der Werkzeugbrust entstehende Erwärmung die volle Aufmerksamkeit der Werkstatt, so gilt dies in fast noch höherem Maße von den Vorgängen, die sich am Rücken des Werkzeuges abspielen. Hier ist es nämlich nicht ein verhältnismäßig schwacher Span, der leicht dem Druck des Werkzeuges nachgeben wird, sondern es ist das stehenbleibende Material, das mit dem Werkzeug in Berührung kommt; das hier am Werkzeug mit der Schnittgeschwindigkeit v entlanggleitende Material soll eine glatte Oberfläche aufweisen, trotzdem es unter recht beträchtlichem Druck gegen den Werkzeugrücken angepreßt wird.

Die Werkzeugwinkel und ihr Einfluß auf die Zerspanungsarbeit.

Der hier auftretende Druck ist abhängig vom Querschnitt des vorübergehend zusammengepreßten Materialstreifens, dessen Abmessungen durch die Eintauchtiefe τ und eine Länge l bestimmt wird, die ihrerseits abhängig ist von der Größe des Rückenwinkels β. Je kleiner der Rückenwinkel ist, um so länger wird l, und um so größer wird damit der Widerstand W_2 werden, der ein zu tiefes Eintauchen, ein Haken des Werkzeuges verhindert; wird der Widerstand an der Werkzeugbrust, der sich aus dem eigentlichen Zerspanungswiderstand W_1 und aus dem Spanaufbiegungswiderstand zusammensetzt, größer, so muß auch W_2 größer, d. h. β kleiner werden. Man muß ferner Sorge tragen, den Spanabgangswinkel ε tunlichst groß zu halten, damit der Span um möglichst geringe Beträge von seiner ursprünglichen Richtung, der Schnittrichtung, abgelenkt werden muß, und so der Spanaufbiegungswiderstand tunlichst klein bleibt. Winkel ε seinerseits ist gleich $90° - (\alpha + \beta)$, d. h. die Summe des Spanabgangswinkels ε und des Rückenwinkels β ist abhängig von der Größe des Schneiden- oder Meißelwinkels α. Da dieser seinerseits durch das Material vorgeschrieben und am besten durch Versuche festgelegt wird, so hat man durch richtige Verteilung der Werte $(\varepsilon + \beta) = (90° - \alpha)$ Sorge zu tragen, daß weder ein Haken (bei zu kleinem Wert von ε und großem Wert von β), noch ein Rattern, d. h. Herauspressen des Werkzeuges aus dem Werkstück (bei zu großem Werte von ε und kleinem Werte von β) auftritt.

Durch sorgfältiges Beobachten des abfließenden Spanes ist man imstande, einen Maßstab für richtiges Arbeiten des Werkzeuges zu gewinnen, denn ein großer Wert ε ergibt einen Schälspan, ein zu kleiner einen Brockenspan.

Liegt geradlinige Bewegung des Werkzeuges gegenüber dem Werkstück vor, wie dies beim Hobeln und Stoßen der Fall ist, so kann der Arbeiter im allgemeinen den Stahl nicht — wenigstens nicht in der Schnittrichtung — falsch einspannen, und es kann die richtige Verteilung dieser beiden Winkelgrößen allein beim Schleifen des Werkzeuges erfolgen.

Handelt es sich dagegen um Dreharbeiten, so gestaltet

sich die Ueberlegung etwas verwickelter, wie an Hand der
Abbildungen 6 bis 8 klargelegt werden soll. Da die Bewegung
des Werkstückes im Kreise erfolgt, so müssen die Winkel β
und ε von der Tangente und dem Halbmesser durch den An-
griffspunkt A des Werkzeuges gemessen werden, was für
den Spanabgangs- wie für den Rückenwinkel einen unter
Umständen nicht unerheblichen Unterschied gegenüber den
Verhältnissen beim Hobelstahl ausmacht. Wegen der Krümmung der Werkstückoberfläche verkürzt sich nämlich, und
um so mehr, je geringer der Drehdurchmesser ist, die
Länge l, durch die der Widerstand W_2 bestimmt wird,
gegenüber dem Werte l', der entstehen würde, wenn es
sich um eine Hobelarbeit handelte. Man wird also bei gleich
starken Spänen kleinere Rückenwinkel β beim Drehen gegenüber dem beim Hobeln nötigen wählen müssen, um ein
Haken zu verhindern. Bei gleich großen Schneidenwinkeln α
werden also — wegen $(\beta + \varepsilon) = (90^0 - \alpha)$ —, größere Spanabgangswinkel ε entstehen, der Span wird also beim Drehen
besser abfließen, als beim Hobeln.

Stellung des Werkzeuges beim Drehen,
Abb. 7 und 8.

An Hand der Abbildungen 7 und 8 ist außerdem zu er-
kennen, daß der Arbeiter die Verteilung der Größen β und ε
durch geeignete Höheneinstellung des Werkzeuges regeln
kann. Wird der Stahl, wie dies bei Schrupparbeiten üblich
ist, über Mitte eingespannt, so kommt von dem am Werk-
zeuge meßbaren Winkelwerte β nur ein Teil $\beta' = (\beta - \varphi)$ zur
Wirkung, während der Spanabgangswinkel ε' um den gleichen
Betrag φ zunimmt. Beobachtet der Arbeiter den Span sorg-
fältig, so kann er leicht durch Höher- oder Tieferstellen des
Werkzeuges die günstigsten Winkel β und ε erzielen. In
Abb. 8 ist der Stahl um den Betrag e unter Mitte gestellt,
und man erkennt ohne weiteres, daß nun Winkel β' um φ
zugenommen, ε' um den gleichen Betrag abgenommen hat.
Stellung des Werkzeuges über Mitte bewirkt also einen
guten Halt am Rücken, der ein Einhaken verhindert, und
gestattet gleichzeitig wegen der Vergrößerung des Winkels
ε' ein glattes Abgehen des Spanes; Stellung unter Mitte bewirkt das Gegenteil, d. h. — wegen des verkleinerten Winkels ε' — einen kurz abgebrochenen Span und — wegen
des großen Rückenwinkels β' — ein Haken des Werkzeuges.

Einfluß der Stellung des Werkzeuges beim Drehen.

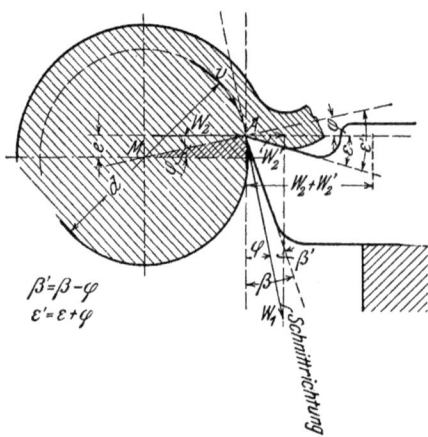

Abb. 7. Stahl über Mitte, Gefahr des Ratterns.

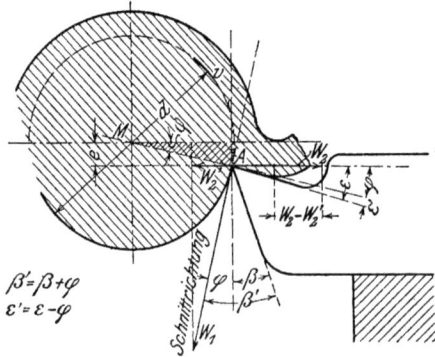

Abb. 8. Stahl unter Mitte, Gefahr des Hakens.

Form des Drehstahles, Abb. 9 und 10.

In den Abbildungen 9 und 10 ist der Einfluß der Stahlform auf die Arbeit des Drehwerkzeuges dargestellt; Abb. 9 zeigt die sogenannte amerikanische Stahlform, Abb. 10 den deutschen Hakenstahl, wie er in größeren deutschen Werken vielfach zum Schruppen benutzt wird.

Weicht das Werkzeug, Abb. 9, unter dem Spandruck aus, so nimmt der Span zu, was ein weiteres Ausweichen und weitere Zunahme des Spanquerschnittes zur Folge hat, und

Einfluß der Stahlform.

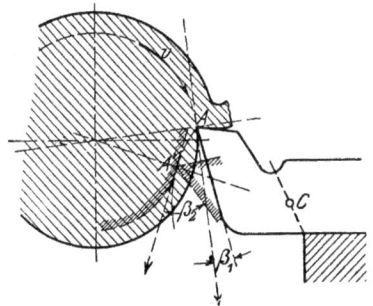

Abb. 9.
Amerikanische Stahlform (Diamond print).

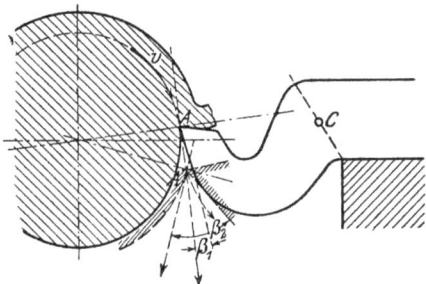

Abb. 10. Deutscher Hakenstahl.

schließlich muß das überanstrengte Werkzeug abbrechen; formt man dagegen den Drehstahl nach Abb. 10, so nimmt der Span beim Ausweichen des Werkzeuges solange ab, bis Gleichgewicht eingetreten ist und das Werkzeug ruhig weiter arbeitet.

Einfluß von Spantiefe und Seitenschaltung, Haupt- und Nebenschneide, Abb. 11 bis 15.

Die vorstehenden Betrachtungen beschränkten sich darauf, das Werkzeug in Schnittebenen zu untersuchen, die parallel zur Schnittrichtung lagen; in den folgenden Abbildungen 11 bis 15 ist die Untersuchung auf Ebenen senkrecht zur Schnittrichtung ausgedehnt. Abb. 11 zeigt den vor der

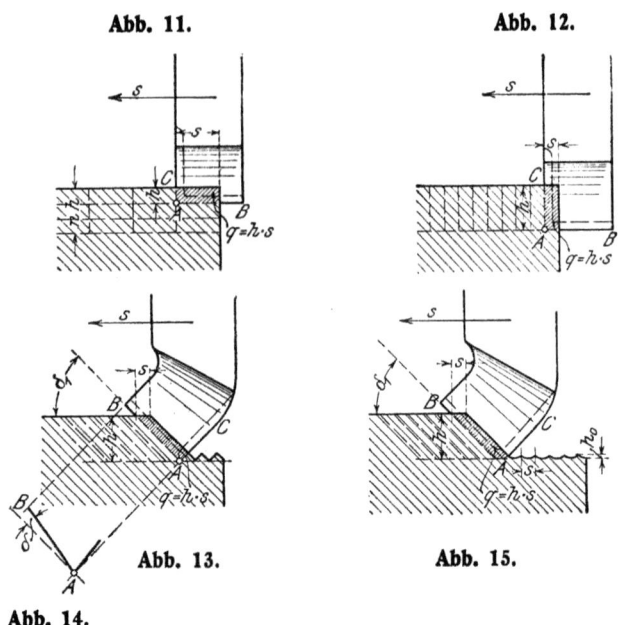

Verteilung der Zerspanungsarbeit auf Haupt- und Nebenschneide.

Werkzeugbrust entstehenden Span im Querschnitt von der Größe $q = hs$; man erkennt, daß das eigentliche Lostrennen die beiden Schneiden AB und AC besorgen, die wir Haupt- und Nebenschneide nennen wollen. Wird eine geringe Spantiefe h angestellt, wie in Abb. 11 zu sehen ist, während die Schaltung s, d. h. der Betrag, um den das Werkzeug (der Einfachheit halber wird die Betrachtung am Hobelstahl durchgeführt) nach jedem Hub der Werkzeugmaschine seitlich verschoben wird, einen ziemlich großen Betrag darstellt, so muß man, um die gesamte Spantiefe nh abzunehmen, das Werkzeug $n$mal neu anstellen. Wird das Werkzeug, Abb. 12, gleich auf die volle Spantiefe angestellt, so kann man mit einer wesentlich geringeren Seitenschaltung s den gleichen Spanquerschnitt, d. h. die gleiche Materialmenge bei jedem Hub abtrennen und spart die Zeit für das mehrfache Anstellen der Spantiefe, sowie den wiederholten leeren Rücklauf der Maschine. Die Art der Werkzeuganstellung nach Abb. 11 weist den Vorteil auf, daß die Hauptschneidarbeit von der Hauptschneide AB ausgeführt wird, die dazu besser geeignet ist als AC, denn hier kann der Span nicht ebenso gut abfließen wie über AB; wird das Werkzeug angestellt, wie es Abb. 12 erkennen läßt, so entfällt der Hauptanteil der Schneidarbeit auf die Nebenschneide AC, der Span wird abgerissen, und große Spanwiderstände treten auf. Will man die Vorteile der beiden Anordnungen vereinigen, so legt man die Hauptschneide AB schräg, wie Abb. 13 erkennen läßt, wobei dann die Hauptschneide die eigentliche Schneidarbeit verrichtet, und doch eine starke Spananstellung, wie nach Abb. 12, möglich ist. Um ein leichteres Abfließen des abgetrennten Spanes zu ermöglichen, wird im allgemeinen auch noch der Schneidenpunkt A gegen B überhöht, wie aus Abb. 14 ersichtlich ist.

Verrundung des Ueberganges und ihr Einfluß auf die Beschaffenheit der stehenbleibenden Oberfläche, Abb. 16 bis 21.

Abb. 15 zeigt eine Abrundung beim Uebergange von der Haupt- auf die Nebenschneide; die Aufgabe dieser Abrundung ist, für Glättung der stehenbleibenden Materialoberfläche zu sorgen. Die Größe des Halbmessers, nach dem diese Abrundung ausgebildet wird, ist maßgebend für die Glätte der Oberfläche des Werkstückes, die um so vollkommener wird, je flacher die Krümmung gewählt wurde. Ein zweites Mittel, eine möglichst glatte Oberfläche zu erzielen, hat man in der Wahl der Größe für den Schaltvorschub s. Die Abbildungen 15 und 16 zeigen, wie eine gleich glatte Oberfläche einmal durch geringen Schaltvorschub bei scharfer Krümmung des Ueberganges, Abb. 15, im zweiten Falle, bei großem Schaltvorschube, Abb. 16, durch flache Verrundung des Ueberganges erzielt werden kann. Abb. 16 stellt einen

Schlichthobelstahl dar, der in den Abbildungen 17 bis 19 in drei weiteren Rissen wiedergegeben ist; derartige Schlichtstähle erzeugen bei verhältnismäßig großen Schaltvorschüben s, d. h. bei geringem Zeitaufwand, eine außerordentlich glatte Oberfläche des Werkstückes. Abb. 17 zeigt die Arbeitsweise des Hobelstahles, der in Abb. 19 in der Draufsicht auf die Brustfläche und in Abb. 18 im Schnitt gezeichnet ist; sowohl die Haupt- wie auch die Nebenschneide sind fortgefallen, so daß die Abrundung allein übrig geblieben ist, was vollkommen genügt, da hier eine eigentliche Zerspanungsarbeit

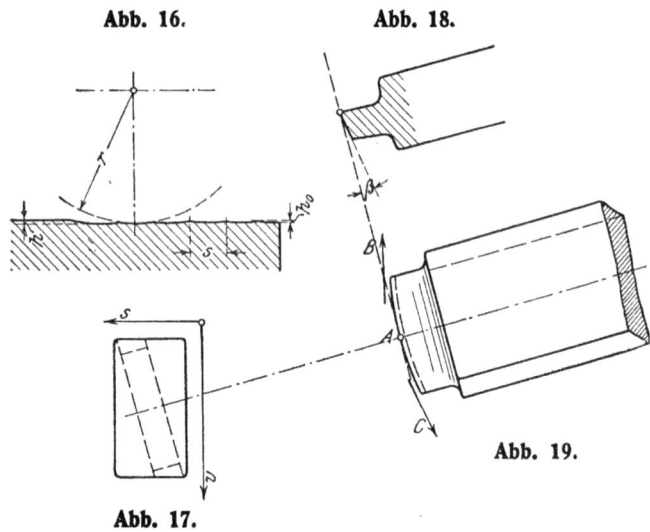

Abb. 16.   **Abb. 18.**

Abb. 19.

Abb. 17.

Schlichthobelstahl für Schälspäne.

gar nicht vorliegt, sondern nur die Oberfläche geglättet werden soll. In den Abbildungen 20 und 21 sind zwei Schlichtstähle nebst den durch sie erzeugten Werkstückoberflächen photographisch wiedergegeben; man erkennt, daß, trotzdem im zweiten Fall eine Schaltung s von gleich großem Werte wie im ersten, Abb. 20, angewandt wurde, die Oberfläche wesentlich glatter ausgefallen ist.

Die Betrachtung der Werkzeugschneide soll hier auf andre Arten von Werkzeugen nicht ausgedehnt werden, wie

Bohrer und Fräser usw., weil bei diesen dem Arbeiter nicht in dem gleichen Maße Freiheit in bezug auf Anschliff und Einspannung gelassen wird.

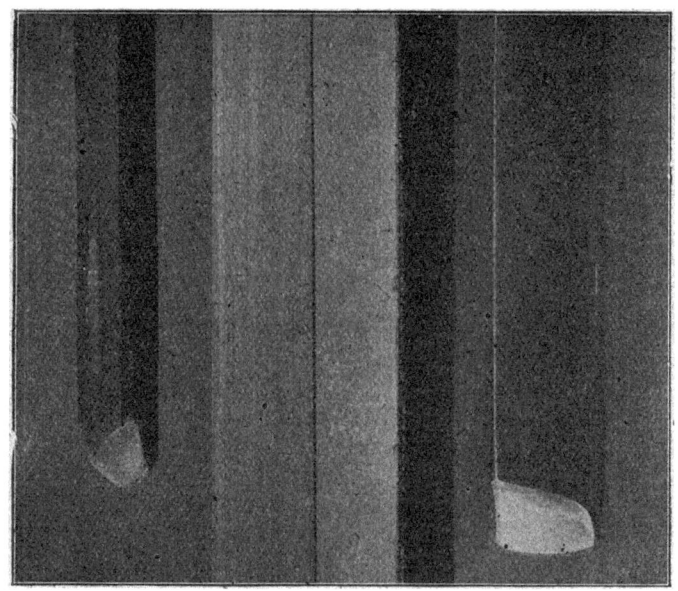

Abb. 20. **Abb. 21.**
Gewöhnlicher Schlichtstahl, Schlichtstahl für Schälspäne.

neben beiden zum Vergleich die bei gleicher Seitenschaltung erzeugten Oberflächen.

Das Schleifen der drei Arbeitsflächen, Abb. 22 bis 26.

Die Größe der beim Anschliff der Dreh- und Hobelstähle zu wählenden Winkel wird am besten durch Versuche in der Werkstatt festgestellt, und es soll deshalb nur auf einen Grenzwert eingegangen werden, der sich bei Drehstählen für den Rückenwinkel ergibt.

Wird, wie es in den meisten Werkstätten üblich ist, die Ueberhöhung des Drehstahles, Abb. 7, zu $e = \frac{d}{20}$, also zu 5

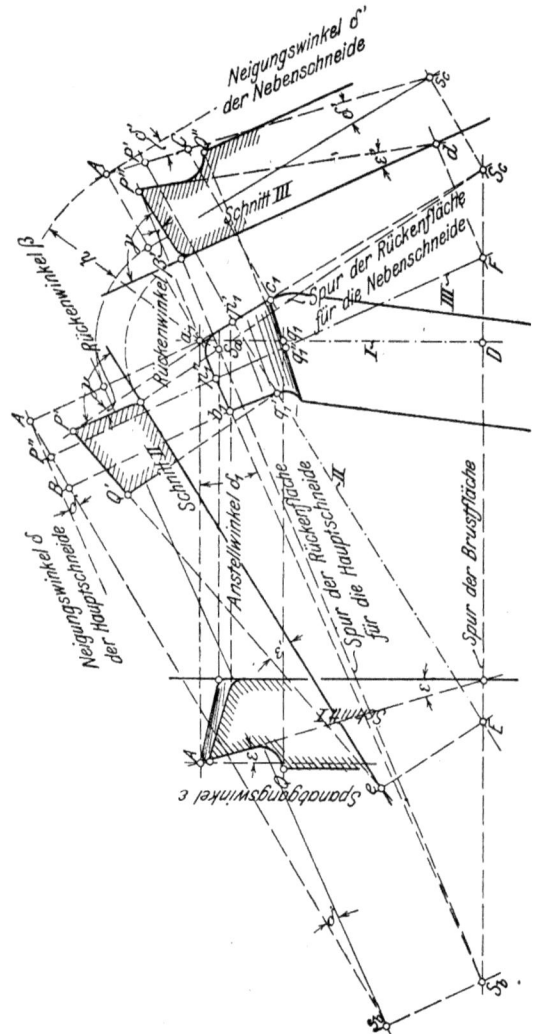

Abb. 22 bis 25.
Das Anschleifen der drei Arbeitsflächen und die Ausbildung der Schneiden an Dreh- und Hobelstählen.

vH des Durchmessers gewählt, so ergibt sich aus dem rechtwinkligen Dreieck mit AM als Hypotenuse die Größe des Winkels φ aus der Beziehung: $\sin \varphi = \dfrac{e}{AM} = 0{,}1$, da $e = \dfrac{d}{20}$ und $AM = \dfrac{d}{2}$ ist. Der Winkel φ beträgt dann ungefähr 6°, und, da der zur Wirkung kommende Rückenwinkel $\beta' = \beta - \varphi$ ist, so erkennt man, daß der am Rücken des Drehstahles anzuschleifende Winkel größer als 6° sein muß, damit noch ein positiver Wert für den wirksamen Rückenwinkel β' verbleibt.

Eine Arbeit, die in den meisten Werkstätten noch sehr im argen liegt, ist das Anschleifen der Schneiden und das Nachmessen der Winkel an Dreh- und Hobelstählen, für die vorläufig noch eine billige Schleifmaschine fehlt. An Hand

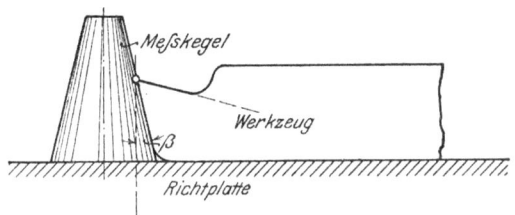

Abb. 26. Nachmessen des Rückenwinkels.

der Abbildungen 22 bis 26 soll der Versuch gemacht werden, einige Regeln aufzustellen, nach denen die in Frage kommenden Winkel bestimmt werden können. Abb. 22 zeigt das Werkzeug in der Draufsicht auf die Brustfläche, während die Rückenflächen für Haupt- und Nebenschneide gestrichelt angegeben sind; erweitert man die drei in Frage kommenden Schleifflächen bis zum Schnitt mit der Auflagefläche (z. B. des Schlittens), so erhält man die drei Spuren $S_a S_b$, $S_b S_c$ und $S_c S_a$, und Schnitte senkrecht zu diesen Spuren, die in den Abbildungen 23 bis 25 zu erkennen sind, ergeben die Neigungswinkel dieser drei Schleifflächen zur Auflagefläche. Die Ueberhöhung des Schneidenpunktes A gegenüber B und C ist ebenfalls zu erkennen und, z. B. mit Hülfe eines Parallelreißers mit Feinstellschraube, nachzumessen. Die Neigung der beiden Rückenflächen ist sehr einfach zu bestimmen, wie Abb. 26 erkennen läßt, und der Schneiden- oder Meißelwinkel α (s. oben) wird am besten von der Hauptrückenfläche aus senkrecht zur Schneide AB gemessen, wozu ein gewöhnlicher Anlegewinkel benutzt werden kann.

Nachdem, wie oben schon erwähnt wurde, durch Versuche Normalwerkzeuge für die verschiedenen Dreharbeiten geschaffen worden sind, müßten die Dreher angehalten werden, diese Winkel beim Anschleifen auch ganz genau einzuhalten, wozu vielleicht vorstehende Ausführungen einige Anhaltspunkte geben können.

Grundlagen für den Aufbau der Werkzeugmaschinen.

In den Abbildungen 27 bis 56 sind schematische Skizzen von sechs Werkzeugmaschinen gegeben, die als grundlegend angesehen werden können und ein Fortschreiten von einfachen zu verwickelten Bewegungen darstellen.

Die Spitzendrehbank, Abb. 27 bis 31.

Abb. 27 bis 31 zeigt die Arbeitsweise der Drehbank; das in Abb. 27 dargestellte Werkzeug wird von Hand auf richtige Tiefe eingestellt, so daß, falls nur Spitzenarbeit vorliegt, wie dies bei reinen Schruppdrehbänken der Fall ist, ein Selbstgang in Richtung C, Abb. 3, entbehrt werden kann. Sollen Spitzen- und Planarbeiten ausgeführt werden, so wird auch noch ein Selbstgang in dieser dritten Richtung nötig, der aber insofern verhältnismäßig einfach auszuführen ist, als er fast nie gleichzeitig mit dem Längszug in Richtung B, Abb. 3, gebraucht wird. Die Umfangsgeschwindigkeiten an den verschiedenen Punkten der Werkzeugschneide sind selbst bei großer Spantiefe so wenig verschieden, daß dieser Umstand bei Formgebung des Werkzeuges außer Betracht bleiben kann.

Die Abbildungen 28 und 29 zeigen die Spanröhre der Abbildung 3 in zwei Ansichten, und zwar aufgerollt, so daß sie sich als Spanplatte darstellt; der schraubenförmige Weg des Werkzeuges muß auf dieser Platte in Gestalt von Parallelen erscheinen, die nur wenig gegen die Werkstückachse geneigt sind. Auffallend ist der gegenüber der Spantiefe geringe Betrag der Schaltung s, die in mm/Uml. des Werkstückes erfolgt. Damit die stehenbleibende Werkstückoberfläche möglichst glatt sei und der mathematischen Oberfläche

— 23 —

möglichst gleichkomme, wird das Werkzeug, Abb. 30, mit abgerundeter Schneide versehen (s. auch Abb. 15 und 16).

Soll die Drehbank gleichzeitig zu Schlichtarbeiten benutzt werden, d. h. sinken die Spanmengen auf ganz kleine Beträge, so wird die Arbeitsleistung der Maschine nicht mehr nach der Spanmenge beurteilt, die ihr Werkzeug in der Zeit-

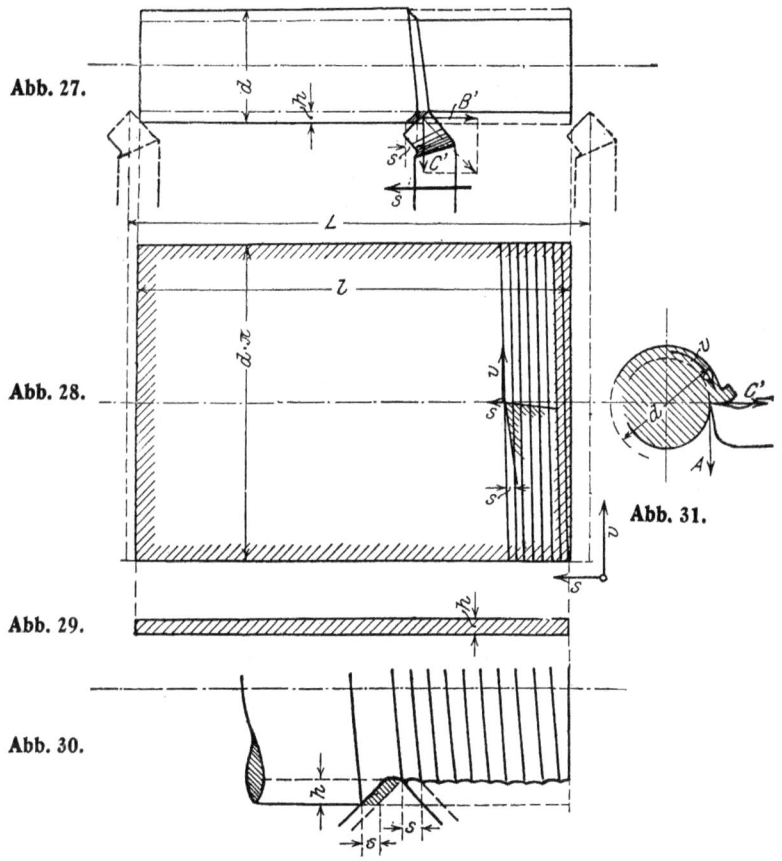

Abb. 27 bis 31. Spitzendrehbank.

einheit abtrennt, sondern nach der Sauberkeit der stehengebliebenen Werkstückoberfläche.

Weil die Oberfläche um so sauberer wird, je kleiner die beim Drehen verwendete Schnittgeschwindigkeit war, so wird man für Schlichtarbeiten geringere Drehzahlen vorsehen. Weil nun aber die Zeit für Vollendung einer Dreharbeit umgekehrt proportional der Drehzahl ist, die bei gleichem Schaltvorschube s in mm/Uml. des Werkstückes zur Verwendung kam, so wird die Schlichtarbeit sehr teuer, wenn nur die kleinen, für das Schruppen in Frage kommenden Schaltgeschwindigkeiten zur Verfügung stehen. Wird also eine sogenannte »Universaldrehbank« gefordert, so müssen für das Schlichten größere Schaltvorschübe angeordnet werden, was eine Abänderung des Werkzeuges nötig macht, wie schon zu Abb. 16 bis 19 ausgeführt wurde. Man versieht Schlichtstähle deshalb gern mit flacheren Abrundungen, deren Halbmesser, wie bei den sogenannten »Breitmessern«, unter Umständen bis auf den Wert ∞ gesteigert wird.

Abb. 31 zeigt das Werkstück im Querschnitt, so daß man die Entstehung des Spanes an der Werkzeugbrust erkennen kann.

Entzieht man, wie es in neuerer Zeit vielfach geschieht, die letzte Schlichtarbeit überhaupt der Drehbank und überweist sie der Schleifmaschine, so ist ohne weiteres ersichtlich, daß der Aufbau der Drehbank wegen Verkleinerung der Zahl von Forderungen vereinfacht werden kann. Zum Glück macht sich schon seit einigen Jahren in Deutschland das Bestreben geltend, statt der zu einer gewissen Zeit so sehr beliebten »Universalmaschinen« lieber mehr und mehr »Spezialmaschinen« zu fordern.

Der deutsche Werkzeugmaschinenbau ist mit dieser Wandlung der Anschauungen jedenfalls durchaus einverstanden.

Die Hobel- und Stoßmaschinen, Abb. 32 bis 39.

In den Abbildungen 32 bis 39 ist die Arbeitsweise der Hobel- und Stoßmaschine wiedergegeben, die von der der Drehbank in mehr als einer Hinsicht abweicht. Zunächst liegt nicht, wie bei den Drehbänken, eine ununterbrochene Schaltbewegung vor, sondern die Spanschicht, Abb. 32, wird in einzelnen Streifen von der Breite s und der Tiefe h, also vom Querschnitt hs, abgenommen. Die Spanplatte wird also in einzelne Streifen in der Schnittrichtung aufgelöst; am Ende jedes Arbeitshubes erfolgt ein leerer Rücklauf, und deshalb ist, trotzdem der Rücklauf mit höherer Geschwindigkeit zu erfolgen pflegt als der Arbeitsgang, die Wirtschaftlichkeit der Hobel- und Stoßmaschinen gegenüber den Drehbänken erheblich geringer einzuschätzen. Das Bestreben der Werkzeugmaschinenfabrikanten ist seit jeher darauf gerichtet, diesen leeren Rücklauf ganz auszuschalten, was eine Reihe von Anordnungen gezeitigt hat, die bezwecken, das Werkzeug

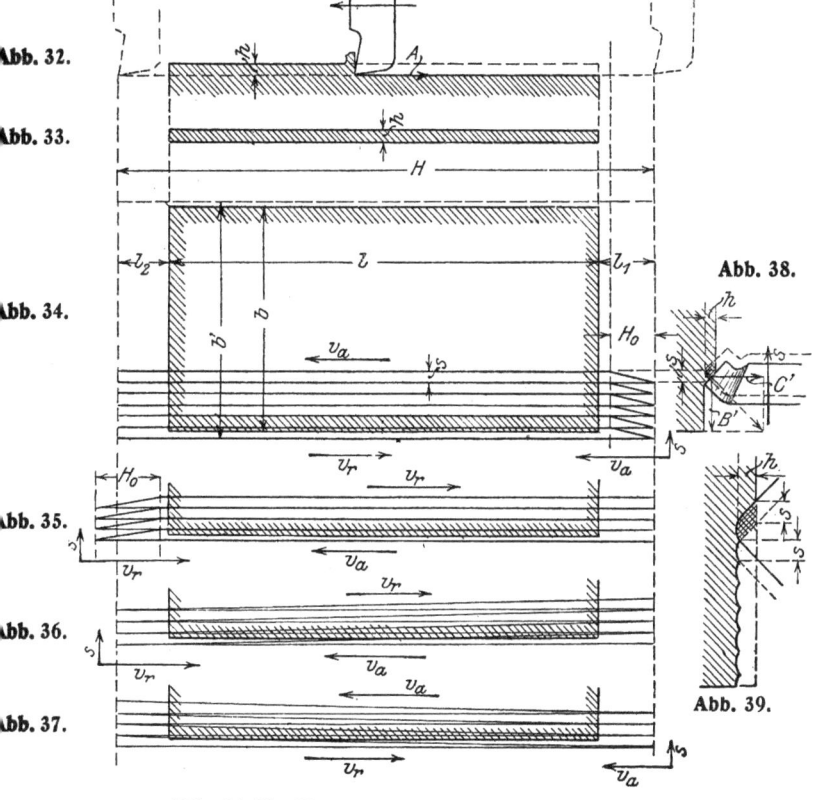

Abb. 32 bis 39. Hobel- und Stoßmaschine.

auch beim Rücklauf arbeiten zu lassen[1]); bisher konnte keine dieser Anordnungen völlig befriedigen. Andre haben den Rücklauf mit immer steigender Geschwindigkeit sich vollziehen lassen, haben aber eingesehen, daß durch die ununterbrochene Vernichtung und Neuerzeugung von lebendiger Arbeit bei großen Geschwindigkeiten infolge der Umkehr des Werkstückes oder Werkzeuges Erzitterungen in die Maschinen hineingetragen werden, die nur schwer zu meistern sind[2]).

Außer der Umsteuerung muß, wie vorstehend schon besprochen wurde, eine Seitenschaltung des Werkzeuges stattfinden, der von seiten des Betriebes nicht immer die genügende Aufmerksamkeit gewidmet wird. Erfolgt die Schaltung, wie in Abb. 34 angegeben, nach Beendigung des beschleunigten Rücklaufes, und zwar, ehe das Werkzeug wieder in das Werkstück eingetreten ist, so kann es unter größter Schonung seiner Schneide in der beim Arbeitsgang erzeugten Furche zurücklaufen, und es steht wieder in der richtigen Stellung für Abnahme eines neuen Spanes, ehe es die Schneidarbeit von neuem beginnt. Das Schalttriebwerk, das äußerst feinfühlig und deshalb ziemlich empfindlich sein muß, wird dadurch geschont, daß es nicht gezwungen wird, den unter Schnittdruck stehenden Hobelstahl seitwärts zu bewegen. Erfolgt die Seitwärtsschaltung des Werkzeuges bei Beginn des Rücklaufes, wie in Abb. 35 angegeben, so liegt für das umkehrende Werkzeug noch keine Furche vor, in der es zwangfrei ist, sondern es muß oben auf der rauhen Werkstückfläche entlang gleiten, was leicht vorzeitige Abnutzung und trotz der bei dieser Art von Maschinen vorgesehenen Stahlabhebung starkes seitliches Drängen zur Folge haben kann.

Bei den Maschinen mit Kurbelantrieb wird gewöhnlich die Schaltung von der ersten, mit gleichbleibender Drehrichtung umlaufenden Drehwelle abgeleitet; die schaltende Sperrklinke holt während der einen Hälfte der Drehung dieser Welle zur Schaltung aus, und sie vollzieht diese Schaltung während der zweiten Hälfte. Erfolgt die Schaltung, s. Abb. 36, während des leeren Rücklaufes, so ergibt sich

---

[1]) s. hierzu Z. 1904 S. 1383.
[2]) s. hierzu Z. 1904 S. 308; 1910 S. 229; 1913 S. 1478; Zeitschr. f. Werkzeugm. u. Werkz. 1902 S. 441; 1903 S. 161; Dubbel, Taschenb. f. d. Maschinenb. 1914 S. 1308 u. ff.

ein seitliches Zwängen, ähnlich dem, das zu vermeiden bei Abb. 35 empfohlen wurde; geschieht die Schaltung, wie Abb. 37 zeigt, sogar während des Arbeitsganges, so wird die Sperrklinke der Schalteinrichtung gezwungen, den Seitendruck des arbeitenden Werkzeuges aufzunehmen, wozu sie ihrer Bauart nach keineswegs geeignet erscheint.

Bei Senkrecht-Stoßmaschinen wird deshalb die Schaltung vielfach durch eine Steuerkurve[1]) bewirkt, die nur einen Teil der Drehung der oben erwähnten ersten Antriebwelle zur Seitwärtsbewegung des Werkzeuges benutzt; vielleicht wäre es gut, wenn man auch bei Wagerecht-Stoßmaschinen diese Art der Schaltbewegung einführen würde. Abb. 38 zeigt den Schaltdruck B' und Abb. 39 den Einfluß der Abrundung am Werkzeuge, für die das bei der Drehbank Gesagte ebenfalls zutrifft.

Die Planfräsmaschine, Abb. 40 bis 44.

In Abb. 40 bis 44 ist die Planfräsmaschine dargestellt, bei der wiederum gänzlich neue Aufgaben und eine ganz eigenartige Arbeitsweise von Werkzeug und Maschine vorliegen. Wie bei der Stoßmaschine, so handelt es sich auch hier um Abnehmen einer Spanplatte, die aber nicht wie dort in Längsstreifen, sondern in Streifen senkrecht zur Schnittrichtung aufgelöst wird, in Streifen, deren Querschnitt kommaförmig, von der Größe hs_0, und deren Länge gleich der Werkstückbreite ist. Da die Spantiefe h meist durch die Arbeitsart vorgeschrieben ist, so bleibt dem Arbeiter zur Bestimmung der Spanabmessung nur die richtige Wahl des Wertes s_0 übrig, worauf im nächsten Absatz ausführlich eingegangen werden soll. Die Schneiden des Fräsers beschreiben verlängerte Zykloiden, der Span wird in der Zahnlücke aufgerollt, wobei das Aufrollen von dem schwachen Ende des »Komma« her begonnen wird; würde sich, bei gleichbleibendem Sinne des Werkstückvorschubes, der Fräser entgegengesetzt drehen, natürlich nachdem er vorher andersherum auf seine Welle aufgesteckt wurde, so daß er wieder schneiden kann, so würden die Zähne zuerst den starken Teil des »Komma« fassen und gezwungen sein, den Span, der sich nun weit schwerer aufrollen lassen wird, vor sich herzuschieben. Die Zähne würden von oben her auf die häufig

---

[1]) s. hierzu Z. 1904 S. 549 bis 550.

noch unbearbeitete und mit Gußhaut versehene Werkstückoberfläche auftreffen, sich an ihr abstumpfen und außerdem die Fräserachse anheben, was bei starken Spänen zu einem Verbiegen der Fräserwelle führen kann. Außerdem würde der Fräser das Werkstück an sich ziehen, sich auf das Werkstück heraufkauen.

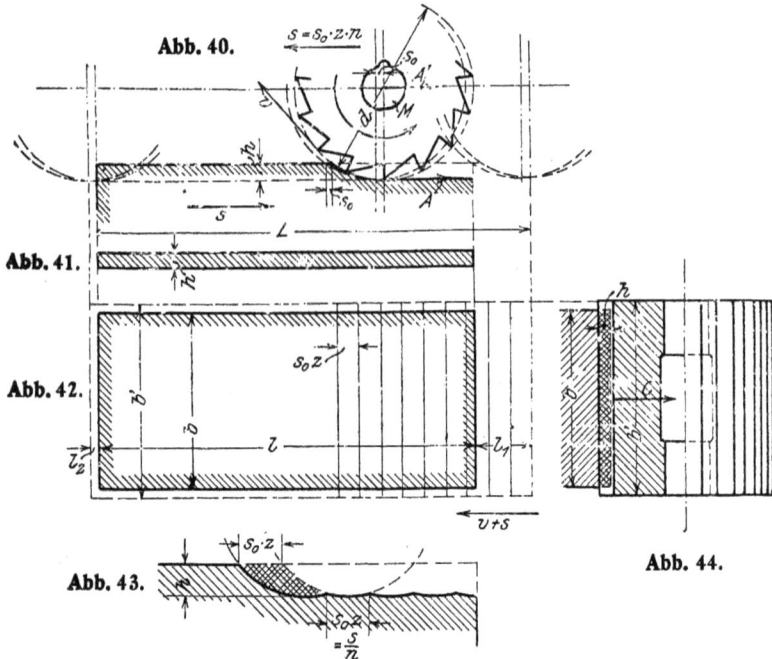

Abb. 40 bis 44. Planfräsmaschine.

Da selten ein Fräser so genau läuft, daß man annehmen kann, alle Fräserzähne griffen gleich tief in das Werkstück ein, so wird es, wenn man einen Maßstab zur Beurteilung der Sauberkeit der Werkstückoberfläche haben will, richtiger sein, nicht den Span eines Zahnes, sondern die Gesamtzahl der Späne zur Betrachtung heranzuziehen, die bei einer vollen Umdrehung des Fräsers abgenommen werden. In Abb. 43 ist dieser »Gesamtspan« dargestellt, der die Querschnittabmessung $q = h s_0$ aufweist; wenn s_0 den Vorschub des Werkstückes in mm/Fräserzahn darstellt, so wird sich der Vorschub in mm/Uml., also bei einer Umdrehung um z Zähne, zu $s' = s_0 z$ mm/Uml. des Fräsers ergeben.

Die Rundschleifmaschine, Abb. 45 bis 48.

Liegt eine Rundschleifmaschine vor, wie sie in Abb. 45 bis 48 dargestellt ist, so gestaltet sich die Ueberlegung noch verwickelter, als zu den schematischen Bildern der drei andern Arten von Maschinen ausgeführt wurde.

Zunächst ist die Schleifscheibe nicht imstande, größere Spantiefen zu bewältigen; meist werden einige Hundertstel vom mm, höchstens vielleicht einmal $1/10$ mm auf einmal abgenommen. Anderseits können Schaltungen von weit größeren Beträgen als bei der Drehbank ausgeführt werden; sie wachsen nahezu bis zur vollen Breite der Schleifscheibe an, dürften also schon bei mittleren Maschinen 50 mm und mehr betragen. Am Ende des Schalthubes wird die Schleifscheibe nachgestellt, und da die Beträge für diese Spananstellung nur ein oder einige Hundertstel mm groß sind, so wird eine Anstellung von Hand nicht in Frage kommen, sondern eine Feinstellung empfindlichster Art vorgesehen werden müssen, wie sie nur durch eine Schraube bewirkt werden kann, und diese Schraube muß sich selbsttätig bewegen.

Das Schaltungsdiagramm, Abb. 47, weist also naturgemäß eine gewisse Aehnlichkeit mit dem der Stoßmaschine, Abb. 34 und 35, auf; daß diese Aehnlichkeit nicht vollständig ist, hat seinen Grund darin, daß die Schleifscheibe von beiden Seiten her gleich gut schneiden und deshalb eine Spananstellung an beiden Enden des Schalthubes vertragen kann. Die Bewegung muß also für Schleifmaschinen nach allen drei Richtungen des räumlichen Gebildes der Abbildung 3 selbsttätig ausführbar sein. Bedenkt man ferner, daß bei der Schleifmaschine nicht nur dem Werkstück sondern auch dem Werkzeug eine Drehbewegung erteilt werden muß, so erkennt man, daß diese Maschinen eine weit höhere Stufe der Vervollkommnung darstellen, als dies für die bisher besprochenen Werkzeugmaschinen galt. Auch die in Frage kommenden Erschütterungen und die beim Umsteuern erfolgenden Stöße sind wegen der hohen Drehzahlen der Schleifscheibe und wegen der verhältnismäßig großen Schalt-

— 30 —

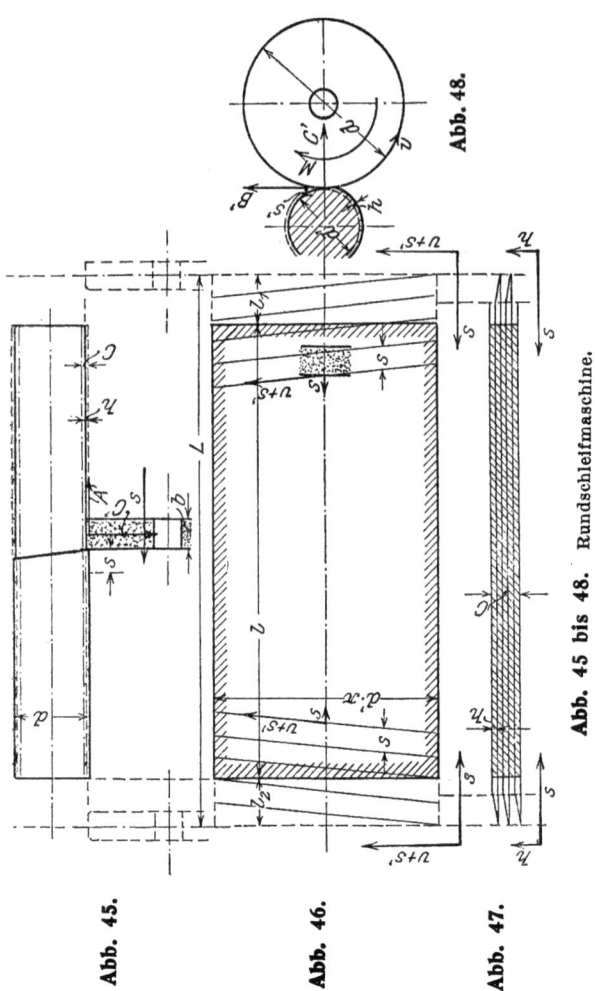

Abb. 45 bis 48. Rundschleifmaschine.

geschwindigkeiten so erheblich, daß sie bei Aufstellung und Benutzung der Schleifmaschinen die größte Aufmerksamkeit des Betriebsleiters erfordern. Die Umfangsgeschwindigkeit s' am Umfange des Werkstückes muß beim Rundschleifen als eine Schaltgeschwindigkeit angesehen werden, die sich von der bei der Planfräsmaschine auftretenden nur dadurch unterscheidet, daß die Schaltbewegung nicht geradlinig, sondern im Kreise erfolgt.

Die Planschleifmaschine, Abb. 49 bis 53.

In Abb. 49 bis 53 ist die Wirkungsweise der Planschleifmaschine dargestellt. Das Werkzeug arbeitet

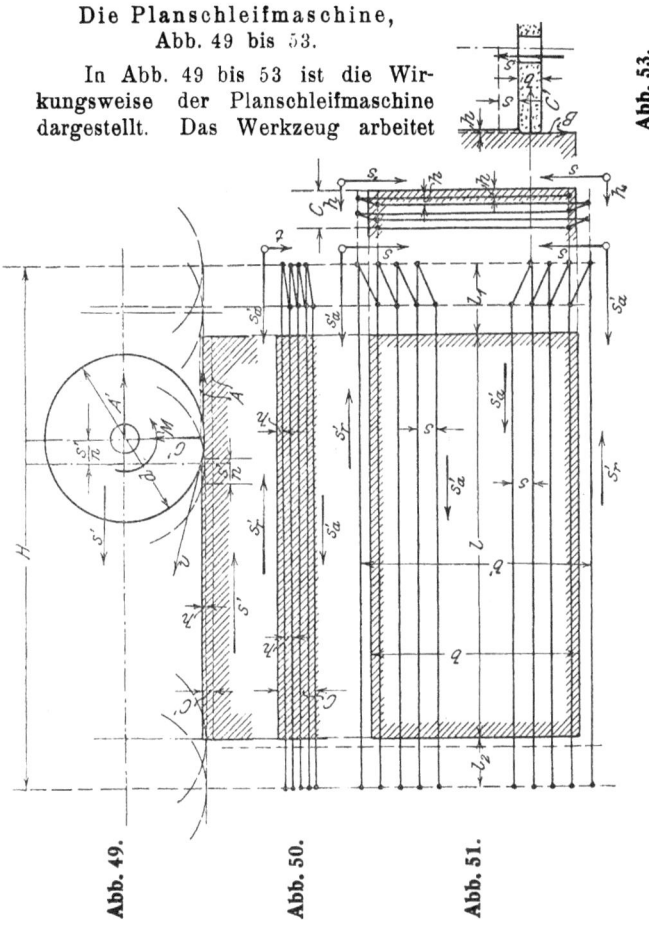

Abb. 53.

Abb. 49. Abb. 50. Abb. 51.

in der gleichen Art, wie der Fräser in Abb. 40; die von der Drehzahl des Werkzeuges auch hier unabhängige Schaltung s' ergibt mit der Seitenschaltung s zusammen ein Bild, Abb. 51, das dem in Abb. 34 für die Hobelmaschine gezeigten ähnlich und nur insofern von ihm verschieden ist, als das Werkzeug, nachdem es die ganze Breite des Werkstückes bearbeitet hat, ohne leeren Rücklauf in der Breitenrichtung nach Anstellung eines neuen Spanes wieder arbeitsbereit ist. Die Aehnlichkeit mit der Arbeitsweise der Hobelmaschine geht aber, wie ein Vergleich der Abbildungen 51 und 34 zeigt, noch viel weiter, indem auch bei der Planschleifmaschine der Rücklauf in der Längsrichtung des Werkstückes leer ist[1]), denn die Schleifscheibe kann, ebenso wie der Fräser, nur gut arbeiten, wenn das Werkstück gegen die sich drehende Scheibe hin bewegt wird und nicht, wenn die Schaltung s' in umgekehrter Richtung erfolgt. Daraus und aus der Eigenschaft der Schleifscheibe, daß sie nur ganz feine Späne und nicht, wie der Hobelstahl, gleich auf einmal die ganze Spantiefe nehmen kann, ergibt sich ein sehr geringer wirtschaftlicher Wirkungsgrad für diese Art von Planschleifmaschinen; ein Vorteil ist anderseits in den feinen Spänen insofern zu sehen, als nur geringe Kräfte auftreten, die das Werkstück in der Schleifrichtung zu verschieben trachten, und man deshalb in der Lage ist, magnetische Spannfutter zu verwenden.

Die Stirnschleifmaschine, Abb. 54 bis 56.

Wesentlich einfacher ist der Antrieb bei der Stirnschleifmaschine, Abb. 54 bis 56, die auch mit allmählicher Tiefenschaltung arbeitet, die ja bei Schleifmaschinen unerläßlich ist, die aber sowohl Seitenschaltung wie leeren Rücklauf vermeidet. Ein früher sehr fühlbarer Uebelstand, daß nämlich die Werkstückbreite nicht zu groß werden durfte, weil sonst die Scheibe entweder nicht über die ganze Breite herüberreichte, oder weil man die Schleifarbeit in einzelnen Streifen unter seitlicher Schaltung des Werkstückes vollenden mußte, ist durch Einführung der Sektorenscheibe aus der Welt geschafft worden. Zunächst ließ man nämlich den mittleren Teil der Scheibe fort, verwendete also nur einen Schleifring statt der vollen Scheibe, wodurch das Gewicht erheblich herabgesetzt wurde, was bei der immer höher

---

[1]) Viele Firmen vernachlässigen allerdings diesen Umstand, was meiner Meinung nach ein Fehler ist, wenn auch der Aufbau der Maschinen sich dadurch vereinfacht und ihre Wirtschaftlichkeit steigt.

werdenden Umfangsgeschwindigkeit des Werkzeuges von nicht zu unterschätzender Bedeutung ist. Anderseits entstand infolge des Fortlassens eines großen Teiles der schneidenden und deshalb Wärme erzeugenden Schleifkörner ein Werkzeug, welches die Werkstücke weniger stark erhitzte, als dies bei Anwendung voller Scheiben der Fall war. Als man endlich dazu überging, den Schleifring in einzelne Sektoren aufzulösen, entstand die Möglichkeit, Kühlflüssigkeit beim Schleifen von innen zu- und nach außen, durch die Lücken zwischen den Sektoren abzuführen.

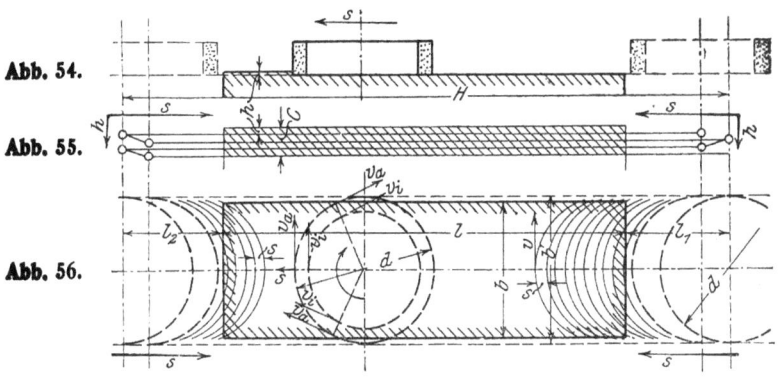

Abb. 54.

Abb. 55.

Abb. 56.

Abb. 54 bis 56. Stirnschleifmaschine.

Die Bohrmaschine und die Arbeit des Bohrers, Abb. 57 bis 64.

In den Abbildungen 57 bis 64 ist die Wirkungsweise der Bohrmaschine, oder richtiger des Bohrers, wiedergegeben, denn beim Bohren liegt das Schwergewicht in der richtigen Ausbildung des Werkzeuges, während bei der im nächsten Abschnitt zu besprechenden Abstechmaschine, bei der ganz ähnliche Arbeitsverhältnisse an der Werkzeugschneide vorliegen, die Schwierigkeiten durch den Antrieb der Maschine selbst zu überwinden sind. Greifen wir den beliebigen Punkt A der Bohrerschneide heraus, der sich auf einem Kreise vom Umfang $d'\pi$, Abb. 57 bis 59, tangential bewegt und sich gleichzeitig um den Betrag s mm/Umdr. axial vorschiebt, so erkennen wir, daß sich dieser Schneidenpunkt in einer resultierenden Richtung bewegt, die durch

Abb. 57 bis 64. Die Arbeitsweise des Bohrers.

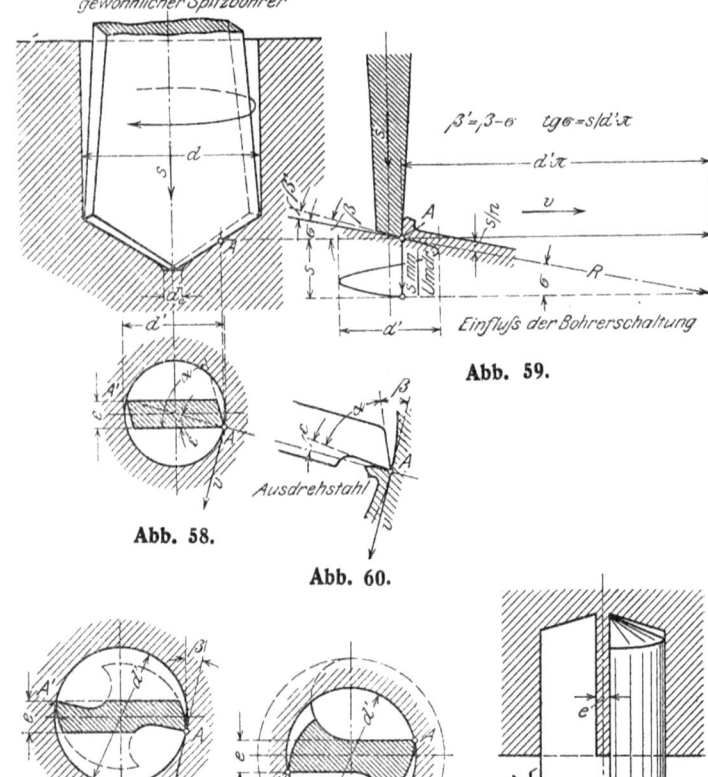

Abb. 57.

Abb. 58.

Abb. 59.

Abb. 60.

Abb. 61 und 62.
Ausbildung des Bohrerquerschnittes.

Abb. 63 und 64.
Der einschneidige Bohrer.

den Steigungswinkel σ bestimmt wird. Von dieser Richtung her muß der Rückenwinkel β' gemessen werden, auf dessen Bedeutung schon in Abb. 5, besonders aber in den Ausführungen zu Abb. 7 und 8 hingewiesen wurde, β' ist $= \beta$ $- \sigma$. Da β feststeht und σ wegen $\mathrm{tg}\,\sigma = \dfrac{s}{d'\pi}$, nach der Spitze hin zunimmt, so ist ein stärkeres Hinterschleifen des Bohrerrückens an der Spitze unbedingt erforderlich; eine Forderung, die leider nicht von allen Spiralbohrerschleifmaschinen erfüllt wird. Natürlich ist, da β kein fester Wert sein darf, ein Ausbilden des Werkzeugrückens nach einer Ebene undenkbar, ein Umstand, auf den noch näher eingegangen werden soll.

Der Spanabgangswinkel ε, Abb. 5, 7, 8, 58, ist bestimmt durch die Gleichung: $\sin\varepsilon = \dfrac{e}{d'}$, und zwar ist ε negativ, d. h. es tritt mehr oder minder starkes Quetschen ein, ähnlich wie es bei der Arbeitsweise des Schabers entsteht. Will man dieses Quetschen vermeiden, also eine Schneidarbeit ähnlich der des Ausdrehstahles, Abb 60, erzielen, so tut man gut, die Schneidenbrust mit einer Hohlkehle zu versehen, wie Abb. 61 zeigt; führt man gleichzeitig den Bohrerrücken nach einer krummen Fläche — gewöhnlich einer Kegelmantelfläche — aus, so erhält man, wie aus Abb. 61 ebenfalls erkennbar ist, den bekannten Querschnitt des Spiralbohrers. In Abb. 62 ist zum Vergleich ein normaler Spiralbohrer wiedergegeben, dessen Schneidenpunkte AA' ebenfalls auf einem Kreise vom Durchmesser d' umlaufen, und man erkennt den Fehler, der allen Spiralbohrern noch anhaftet, daß nämlich an der Schneidenbrust, wegen des negativen Spanabgangswinkels ε, immer mehr oder minder starkes Quetschen auftritt. Dieser Ueberlegung hat der Spindelbohrer, Abb. 63 und 64, seine Entstehung zu verdanken, der nur eine Schneide besitzt und deshalb den beim zwei- oder mehrschneidigen Bohrer nötigen, in der Achse stehenbleibenden Teil von der Stärke e, Abb. 58, 61, 62, entbehren kann. Bei diesem Bohrer, der besonders zum Ausbohren langer Spindeln und der Gewehrläufe in Gebrauch ist, setzt man sogar, was auf den ersten Blick befremden könnte, die Schneide gegenüber der Bohrerachse etwas zurück, so daß eine Materialseele stehen bleibt, die durch die Aussparung des Bohrers abfließen kann. Bei L ist eine parallel zur Bohrerachse verlaufende Nut angeordnet, in die ein Röhrchen mit Hülfe von leichtflüssigem Metall eingelötet wurde; durch dieses Röhrchen kann Flüssigkeit zur Kühlung der Bohrerschneide und auch als Spülflüssigkeit zur Entfernung der Späne zugeführt werden.

Theoretische Grundlagen für Ausführung der Haupt- oder Schnittbewegung.

Die Einrichtungen zur Ausführung der Schnittbewegungen hängen von der Art der Maschine ab, für die sie Verwendung finden sollen. Die Größe der Schnittgeschwindigkeit, bedingt durch Stoff des Werkstücks und Art der Arbeit, d. h. durch den Umstand, ob Schrupp- oder Schlichtarbeit gefordert wird, muß stets auf die Drehzahl der Arbeitswelle bestimmend einwirken, liegt aber kreisende Bewegung des Werkzeuges oder des Werkstückes vor, so kommt auch noch dessen Durchmesser als weitere Bestimmungsgröße in Frage. Naturgemäß wird demnach für Hobel- und Stoßmaschinen, bei deren Arbeiten der stets gleichbleibende Durchmesser ∞ für die Werkstücke vorliegt, die Anzahl der Drehzahlen, und damit die Forderung der Anpassung der Maschine an die vorliegende Arbeit, nicht die gleichen Schwierigkeiten bieten, wie bei Drehbänken, Fräs-, Schleif- und Bohrmaschinen. Ist es bei Planfräsmaschinen vielleicht in einigen Fällen möglich, sich auf wenige Durchmesser für die Fräser zu beschränken, wenn der Durchmesser des verwendeten Fräsers ohne Einfluß auf die Form der Werkstückoberfläche ist, so liegt bei Drehbänken und Schleifmaschinen, ganz besonders aber bei Bohrmaschinen, der Durchmesser von Werkstück oder Werkzeug fest.

Anordnung der Drehzahlen.

Es wird sich also in den meisten Fällen darum handeln, die Gleichung:

$$v = \frac{d \pi n}{1000} \text{ m/min oder } n = \frac{v \, 1000}{d \pi} \text{ Uml./min}$$

möglichst genau zu beachten und die Drehzahlen so zu wählen, daß für jeden Werkstück- oder Werkzeugdurchmesser, der in mm angeommen werden soll, die richtige Umfangsgeschwindigkeit in m/min entsteht.

Soll dieser Forderung ohne jede Einschränkung und für jeden Durchmesser genau Rechnung getragen werden, so bleibt zur Erzeugung derartiger ununterbrochener Drehzahlenreihen, die ich als »Drehzahlenrampen« bezeichnen möchte, nur eines der bekannten Reibgetriebe mit wechselndem Uebersetzungsverhältnis anwendbar. Da die erwähnten Reibgetriebe indessen nicht die genügende Sicherheit bieten gegen fortwährende Arbeitstörungen infolge von Riemenschlupf usw., so hat man die Anwendung derartiger Antriebe im allgemeinen auf die Abstechmaschinen beschränkt, wo während der Arbeit eine dauernde Abnahme des Werkstückdurchmessers eintritt, so daß man zur Erhaltung gleichbleibender Schnittgeschwindigkeit während der Arbeit zu ununterbrochener Erhöhung der Drehzahl gezwungen ist. In neuerer Zeit ist man auch für die Abstechmaschinen aus dem vorerwähnten Grunde vielfach von den Reibgetrieben abgegangen und hat Stufenmotoren eingeführt, d. h. Motoren mit wechselnder Drehzahl innerhalb bestimmter Grenzen.

Im allgemeinen wird es sich also darum handeln, statt der oben erwähnten »Rampe« lieber eine »Drehzahlentreppe« anzuwenden, und man wird sich nur über die Größe der Stufen dieser Treppe verständigen müssen, d. h. man wird die Drehzahlen in einer der aus der Mathematik bekannten Reihen anordnen.

Die beiden Reihen, die allein für den Werkzeugmaschinenbau in Frage kommen können, sind:

1) die arithmetische Reihe, bei der zwei aufeinanderfolgende Glieder sich um den stets gleichen Betrag δ unterscheiden, und

2) die geometrische Reihe, bei der zwei aufeinanderfolgende Glieder den stets gleichen Quotienten φ aufweisen.

An Hand der Abbildungen 65 und 66 sollen die beiden Reihen in bezug auf ihre Eignung für den vorliegenden Zweck verglichen werden. Die Grenzdrehzahlen sind in beiden Fällen zu 8 und 137 Uml./min angenommen worden, bei einer Gesamtzahl von 8 verschiedenen Drehzahlen.

Die arithmetische Reihe, Abb. 65.

Für die arithmetische Reihe ergibt sich ein Unterschied $\delta = 18{,}43$ Uml./min für zwei aufeinanderfolgende Drehzahlen, und die einzelnen Werte nach Abrundung auf ganze Drehzahlen sind $n = 8, 26, 45, 63, 82, 100, 118$ und 137 Uml./min; für die geometrische Reihe erhält man, bei einem Verhältnis $\varphi = \dfrac{3}{2} = 1{,}5$ für zwei benachbarte Drehzahlen, die Zahlenreihe: $n = 8, 12, 18, 27, 41, 61, 91$ und 137 Uml./min. In den Abbildungen 65 und 66 sind Diagramme für diese acht Drehzahlen in der Art dargestellt, daß die entstehenden Schnittgeschwindigkeiten für jede einzelne Drehzahl in Abhängigkeit von den verschiedenen Drehdurchmessern erscheinen, und diese Diagramme sind dann mit den Koordinatenanfangspunkten aufeinandergelegt worden.

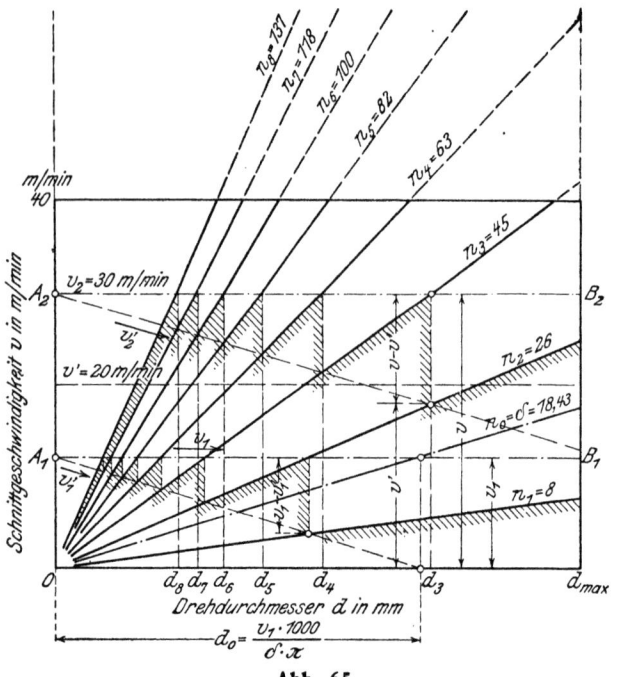

Abb. 65.
Anordnung der Drehzahlen in arithmetischer Reihe.

Greifen wir, Abb. 65, einen beliebigen Drehdurchmesser, z. B. den mit d_3 bezeichneten, heraus, so ergibt sich die Schnittgeschwindigkeit v, wenn wir die Drehzahl $n_3 = 45$, und v', wenn wir $n_2 = 26$ Uml./min wählen, also ein Unterschied $v - v'$, und, in vH von v ausgedrückt, ein

$$\text{Schnittgeschwindigkeitsabfall } A = \frac{v - v'}{v}.$$

Ist also die größere Schnittgeschwindigkeit v für die vorliegende Dreharbeit zu groß, so muß man mit der kleineren Drehzahl vorlieb nehmen und damit unter Umständen sich mit einer größeren Arbeitsdauer bescheiden, wenn zwischen n_3 und n_2 kein Mittelwert zur Verfügung steht; die Werkstatt hat also großes Interesse an möglichst kleinen Unterschieden $v - v'$. Diese Unterschiede werden um so größer, je größer die zu bearbeitenden Drehdurchmesser sind, was aus dem Diagramm zu ersehen, aber auch rechnerisch zu ermitteln ist.

Zwei aufeinanderfolgende Drehzahlen verhalten sich wie $\dfrac{n}{n-\delta}$, und da die Schnittgeschwindigkeiten bei gleichem Durchmesser sich wie die Drehzahlen verhalten müssen, so ist
$$\frac{v'}{v} = \frac{n-\delta}{n} = 1 - \frac{\delta}{n} \quad \text{und} \quad v' = v\left(1 - \frac{\delta}{n}\right),$$
was $v - v' = \dfrac{v\,\delta}{n}$ und $A = \dfrac{v-v'}{v} = \dfrac{\delta}{n}$ ergibt.

Da bei gleichbleibender Schnittgeschwindigkeit die Durchmesser im umgekehrten Verhältnis wie die gewählten Drehzahlen wachsen, so wird der Schnittgeschwindigkeitsabfall $\dfrac{v-v'}{v}$ mit wachsendem Drehdurchmesser immer unangenehmer fühlbar werden. Will man das Gesetz für diese Zunahme des prozentuellen Abfalles der Schnittgeschwindigkeit zeichnerisch darstellen, so wählt man dazu am besten irgend eine bestimmte Schnittgeschwindigkeit, z. B. den durch die Gerade $A_1 B_1$ angedeuteten Wert v_1. Behält man die Ordinatenachse auch für dieses neue Diagramm bei und macht man die Gerade $A_1 B_1$ zur Abszissenachse, so werden die Drehdurchmesser d als Abszissen und die Unterschiede $v_1 - v_1'$ als Ordinaten auftreten. Nun ist $d = \dfrac{v_1\,1000}{n\pi}$ und $v_1 - v_1' = v_1 \dfrac{\delta}{n}$, mithin $\dfrac{v_1 - v_1'}{d} = \dfrac{\delta\pi}{1000}$ ein fester Wert; d. h. der Schnittgeschwindigkeitsabfall nimmt nach einer Geraden zu, die für $v_1' = 0$, d. h. bei einem Durchmesser $d_0 = \dfrac{v_1\,1000}{\delta\pi}$ durch die Nullinie hindurchgeht. Wollte man bei diesem Drehdurchmesser die Schnittgeschwindigkeit v_1 erhalten, so müßte man eine Drehzahl $n_0 = \delta$, also in unserm Fall eine solche von 18,43 Uml./min, zur Verfügung haben; die nächst kleinere Drehzahl würde dann natürlich $n = 0$ werden, und das zugehörige Schnittgeschwindigkeitsdiagramm müßte mit der durch den Nullpunkt hindurchgehenden Wagerechten zusammenfallen.

Die geometrische Reihe, Abb. 66.

Bei Anordnung der Drehzahlen in geometrischer Reihe liegen die Verhältnisse wesentlich übersichtlicher, wie aus Abb. 66 hervorgeht. Da jede Drehzahl φ mal so groß ist,

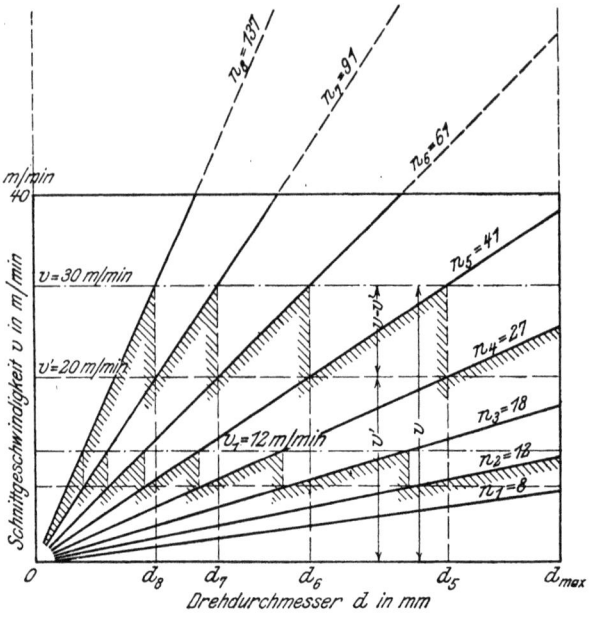

Abb. 66.
Anordnung der Drehzahlen in geometrischer Reihe.

wie die nächstniedere, so verringert sich die Schnittgeschwindigkeit bei gleichbleibendem Drehdurchmesser durch Uebergehen von einer beliebigen Drehzahl auf die nächstniedere auf den φ ten Teil. Der Abfall ist also in diesem Falle, da $\dfrac{v'}{v} = \dfrac{1}{\varphi}$ ist: $\quad v - v' = v - \dfrac{v}{\varphi} = v\left(1 - \dfrac{1}{\varphi}\right);$

oder der Schnittgeschwindigkeitsabfall in vH von v:
$$A = 1 - \frac{1}{\varphi} = \frac{\varphi-1}{\varphi}.$$

Gleichbleibender Schnittgeschwindigkeits-Abfall A.

Während also im ersten Falle, bei Anwendung der arithmetischen Reihe, der Schnittgeschwindigkeitsabfall um so größer wird, je kleiner die verwendete Drehzahl ist, bleibt bei Anwendung der geometrischen Reihe dieser Abfall ein fester Wert, abhängig allein von der Größe des gewählten Quotienten φ.

Da nun im Betriebe der Wunsch nach einem möglichst geringen Schnittgeschwindigkeitsabfall ebenso groß sein wird, wenn kleine Drehzahlen, als wenn große zur Verwendung gelangen, so ist ohne weiteres einzusehen, daß ein gleichbleibender Abfall in vH der gewünschten Schnittgeschwindigkeit angenehmer sein wird, als ein solcher, der um so größer wird, je kleiner die Drehzahl, oder je größer der bearbeitete Drehdurchmesser oder der Durchmesser des verwendeten Werkzeuges ist; man wird sich also für Annahme der geometrischen Reihe entscheiden, wenn nicht besonders gewichtige Gründe dagegen sprechen.

Das Sägendiagramm und seine Anwendung im Betriebe, Abb. 67.

In Abb. 67 ist nun für die gleichen 8 Drehzahlen, von $n_1 = 8$ bis $n_8 = 137$ Uml./min, ein Schnittgeschwindigkeitsdiagramm in der Art wiedergegeben, daß statt der Schnittgeschwindigkeiten selbst die Werkstückstoffe angegeben sind, für welche die entsprechenden Geschwindigkeiten Geltung haben. Man kann dann für jeden Drehdurchmesser ohne weiteres die Drehzahl auffinden, bei deren Wahl die Grenzen der für das zu bearbeitende Metall vorgeschriebenen Schnittgeschwindigkeit eben nicht überschritten werden. So würde z. B. für das Drehen von Messingzylindern von 100 mm Dmr. bei Anwendung von gewöhnlichem Werkzeugstahl für den Drehmeißel die Drehzahl n_6 in Frage kommen. Beträgt der Drehdurchmesser 110 mm, so steigt bei Verwendung von n_6 die Schnittgeschwindigkeit über das zulässige Höchstmaß, und man ist gezwungen, die Drehzahl n_5 zu verwenden, wobei die Schnittgeschwindigkeit unter die untere Grenze sinken muß. In sehr vielen Fällen werden so geringe Ueberschreitungen der zulässigen Höchstgrenze unbedenklich sein, aber streng genommen muß die Forderung aufgestellt werden, daß man in dem Augenblick zur nächst-

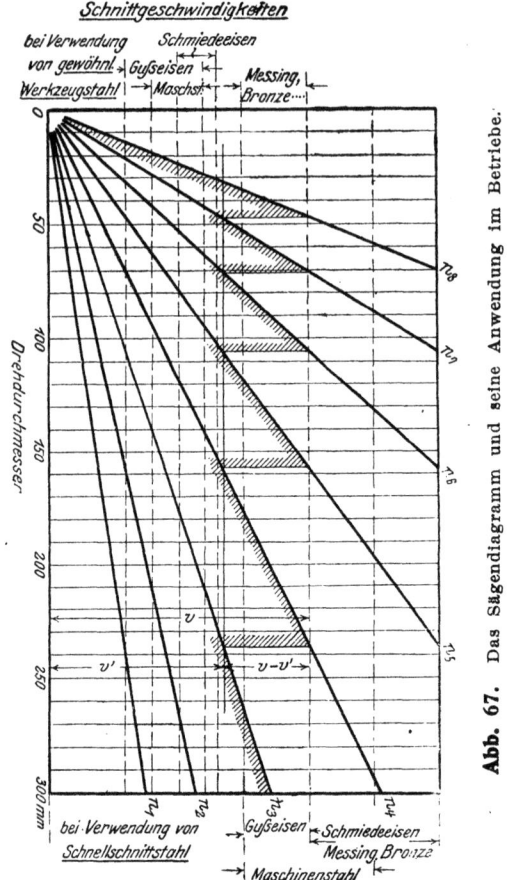

Abb. 67. Das Sägendiagramm und seine Anwendung im Betriebe.

niedrigeren Drehzahl greifen muß, wo die höhere eine die obere Grenze überschreitende Schnittgeschwindigkeit ergeben würde.

Es dürfte wohl möglich sein, durch eindringliche Belehrung den Arbeiter darauf aufmerksam zu machen, daß er selbst es in der Hand hat, durch einige Aufmerksamkeit die in jedem Falle richtige Drehzahl zu wählen und damit die günstigste Arbeitzeit zu erzielen, die auf der benutzten Werkzeugmaschine eben erreichbar ist. Wenn er sehen wird, daß seine aufmerksameren Arbeitsgenossen höhere Stücklöhne erzielen als er, dann wird er sicher diesem so wichtigen Umstande seine Aufmerksamkeit zuwenden, und so überhaupt seine Maschine in ihren Einzelheiten besser kennen zu lernen suchen. Das Mehr an Zeit, das durch Unachtsamkeit entsteht, ist in den meisten Fällen ziemlich erheblich; so wird z. B. bei der betrachteten Drehbank die Arbeitsdauer auf das 1,5fache erhöht, wenn der Arbeiter sich bei Wahl der Drehzahl nur um eine Stufe vergreift. Daß ein Ueberschreiten der nötigen Zeit um 50 vH einen so kleinen Wert darstelle, daß man diesen Fehler unbedenklich vernachlässigen könne, wird niemand behaupten wollen.

Die Bemessung des Quotienten φ der geometrischen Reihe ist also von größter Bedeutung für den Betrieb, wie nachstehend noch an einem Beispiel gezeigt werden soll.

Nehmen wir an, es solle Messing mit Werkzeugstahl gewöhnlicher Art bearbeitet, die im Diagramm gekennzeichnete Grenze, nebenbei bemerkt 20 m/min, also nicht überschritten, aber zur Erzielung größter Wirtschaftlichkeit möglichst genau erreicht werden; dann ergibt sich folgendes Bild, wenn nacheinander Durchmesser von 0 bis 300 mm bearbeitet werden sollen. Da für die allerkleinsten Durchmesser nur die größte Drehzahl, in unserm Falle 137 Uml./min, zur Verfügung steht, so wird die Schnittgeschwindigkeit zunächst geradlinig ansteigen und erst bei etwa 47 mm Dmr. des Werkstückes den gewünschten Wert von 20 m/min erreichen. Steigt der Durchmesser des Werkstückes weiter an, so würde bei weiterer Verwendung der Drehzahl n_8 eine unzulässig hohe Schnittgeschwindigkeit entstehen, was unbedingt zu vermeiden ist; man muß deshalb von 47 mm Dmr. an zur nächstkleineren Drehzahl (n_7) übergehen, die sich zu n_8 verhält wie $\dfrac{1}{\varphi}$. Damit sinkt natürlich die Schnittgeschwindigkeit auf den Wert $\dfrac{v}{\varphi} = v'$, wenn v die geforderte obere Grenze angibt; von nun an steigt die Schnittgeschwindigkeit wieder an, bis bei Erreichung eines Drehdurchmessers von 71 mm wieder zur kleineren Drehzahl, diesmal n_6, übergegangen werden muß. Weil wiederum $n_6 = \dfrac{n_7}{\varphi}$ ist, so erfolgt auch hier ein Sinken auf $v' = \dfrac{v}{\varphi}$, und dieser Abfall der Schnittgeschwindigkeit wiederholt sich jedesmal, wenn bei einem gewissen Drehdurchmesser von einer Drehzahl auf die nächst niedrigere übergegangen werden muß.

Wegen dieses allmählichen Zu- und plötzlichen Abnehmens der Schnittgeschwindigkeit, das dem Diagramm die schraffiert eingezeichnete eigentümliche Form verleiht, will ich es von nun an als »Sägendiagramm« bezeichnen:

Aus der gekennzeichneten Eigenschaft der langsam ansteigenden und ruckweise fallenden Schnittgeschwindigkeit läßt sich folgendes Gesetz ableiten, das die Bedeutung des Quotienten φ für die Werkstatt kennzeichnet.

Bedeutung und Größe des Quotienten φ der geometrischen Reihe, je nach Art der Werkzeugmaschine.

Der Quotient φ der geometrischen Reihe ist ein Maß für den größten Schnittgeschwindigkeitsabfall, der überhaupt auftreten kann, wenn statt der eigentlich erforderlichen Drehzahl die nächstniedrigere genommen werden muß.

φ ist also ein Maß für den Betrag, um den im ungünstigsten Fall die in der Zeiteinheit erzielte Arbeitsmenge hinter der zurückbleiben kann, die bei Verwendung der richtigen Schnittgeschwindigkeit, wie sie die Vorkalkulation vielfach in Rechnung setzt, erreicht worden wäre. Daß die Größe dieses Wertes nicht gleichgültig sein kann, liegt auf der Hand, und die Betriebsleiter würden gut tun, sich mit dieser Sache etwas eingehender zu befassen, ehe sie dem Werkzeugmaschinenbau Aufgaben stellen, die dieser beim besten Willen nicht erfüllen kann.

Ein Beispiel möge diese Schwierigkeit erläutern. Der Betrieb fordert z. B. eine Drehbank, bei der die vorgeschriebene Schnittgeschwindigkeit mit einer Annäherung von 20 vH stets erreichbar sein soll. Die Drehbank habe eine Spitzenhöhe von 200 mm, man will auf ihr Gußeisen mit gewöhnlichem Werkzeugstahl und auch Messing mit Schnelldrehstahl bei voller Ausnutzung der Leistungsfähigkeit des Schnellstahles bearbeiten. Der größte Drehdurchmesser — von einer Kröpfung des Bettes soll abgesehen werden — beträgt natürlich 400 mm, der kleinste werde von der Bestellerin zu

20 mm angegeben, die Schnittgeschwindigkeiten bewegen sich nach den vorstehend angegebenen Forderungen zwischen 6 und 40 m/min.

Die Grenzdrehzahlen werden zu $n_1 = 5$ und $n_z = 640$ Uml./min berechnet, und da der Quotient φ der geometrischen Reihe aus der oben entwickelten Formel $A = 1 - \dfrac{1}{\varphi}$ ($A = 20$ vH $= 0{,}20$) zu $1{,}25$ ermittelt werden kann, so ergibt sich die Anzahl der Glieder für die Reihe aus vorstehenden Grenzwerten zu 23. Es ist nämlich $n_z = n_1 \varphi^{z-1}$, woraus $z = \dfrac{\log \frac{n_z}{n_1}}{\log \varphi} + 1$ zu berechnen ist. Selbstverständlich ist der Werkzeugmaschinenbau in der Lage, diese große Anzahl von Drehzahlen zu erzeugen, aber der Betriebsmann sollte sich doch ernstlich die Frage vorlegen, ob nicht durch Einschränkung seiner Forderungen auf ein verständiges Maß eine erheblich billigere und wegen ihres wesentlich weniger verwickelten Aufbaues auch einfacher zu bedienende Maschine für den vorliegenden Fall zu wählen wäre. Führende Werkzeugmaschinenfabriken haben in gut geschriebenen Broschüren des öfteren auf diese übertriebenen Wünsche nach einer Universalmaschine hingewiesen; aber vielleicht ist es gut, wenn von einer neutralen Stelle her, und als neutral muß der Verfasser als technischer Schulmann doch wohl angesehen werden, auch auf diesen so wichtigen Punkt noch einmal ausdrücklich hingewiesen wird.

Forderugen des Betriebes an den Werkzeugmaschinenkonstrukteur.

1) Man fordere mehr als bisher Sondermaschinen, d. h. solche, die nur für Schnellschnitt- oder nur für gewöhnlichen Werkzeugstahl, nicht aber für beide Stahlsorten gleich gut geeignet sein müssen.

2) Man verlange nicht gleiche Eignung der Maschine für alle Werkstückstoffe, sondern beschränke sich entweder auf die Eisenlegierungen, oder, wie bei Revolverdrehbänken für Armaturen, man verlange nur Herstellung der höheren Schnittgeschwindigkeiten für Messing und Rotguß.

3) Man wolle nicht Durchmesser von zu geringen Abmessungen noch mit sehr großen Schnittgeschwindigkeiten bearbeiten, ja man lasse vielleicht, wie bei Schruppbänken, die nur für Arbeiten zwischen Spitzen gedacht sind, auch

noch all die Durchmesser fort, die nicht über den Schlitten wegzuführen sind.

Bei Befolgung wenigstens einiger oder einer der vorstehenden Regeln erreicht man, daß die Grenzdrehzahlen erheblich zusammenrücken und kann so, bei mäßiger Anzahl verschiedener Drehzahlen, Werte von A erhalten, die befriedigen dürften. Zwischen 25 und 33,3 vH wird A allerdings auch bei Anwendung größter Vorsicht in den meisten Fällen betragen.

Wahl des Quotienten φ, je nach Art der Werkzeugmaschine.

Abgesehen von den vorstehenden allgemeingültigen Regeln für die Wahl der Größe des Quotienten φ sind aber auch noch andre Gesichtspunkte maßgebend, auf die näher einzugehen sich gleichfalls verlohnen dürfte.

Es ist nämlich keineswegs gleichgültig, welcher Art die Werkzeugmaschine ist, für die eine Drehzahlenreihe aufgestellt werden soll. Bei Drehbänken wird man sich in den meisten Fällen mit $A = 20$, 25, ja bis zu 30 vH begnügen, was Werten von $\varphi = 1{,}25$, 1,33 und 1,43 entspricht; bei Schleifmaschinen kann man noch größere Werte von φ wählen, wie aus folgender Ueberlegung hervorgeht. Für die Schleifscheibe, deren Durchmesser, wenigstens für Außenschliff, eine feststehende Abmessung hat, die nur infolge der eintretenden Abnutzung kleiner wird, kann man sich in den meisten Fällen auf zwei oder drei Drehzahlen beschränken und muß nur, wenn Innenschliff gleichfalls in Frage kommt, also eine »Universalschleifmaschine« vorliegt, die Schleifscheibendurchmesser und damit ihre Drehzahlen dem Durchmesser der auszuschleifenden Bohrung anpassen.

Aber auch die dem Werkstück zu erteilenden Drehzahlen brauchen nie so dicht aufeinander zu folgen, wie bei den Drehbänken; da die Umfangsgeschwindigkeit des Werkstückes nämlich eigentlich eine Schaltgeschwindigkeit ist, wie schon zu Abb. 45 bis 48 entwickelt wurde, und da sie außerdem sich zwischen etwa 5 und etwa 20 m/min zu halten pflegt, während die eigentliche Schnittgeschwindigkeit, d. h. die Umfangsgeschwindigkeit der Schleifscheibe, zwischen 20 und 35 m/sk beträgt, so ist der Arbeiter stets imstande, die höhere von zwei in Frage kommenden Drehzahlen zu wählen, weil die relative Schnittgeschwindigkeit dadurch nur um ganz belanglose Werte vergrößert wird.

Selbst eine Universalschleifmaschine wird deshalb ohne weiteres mit 12, ja vielleicht sogar mit 8 Drehzahlen für das Werkstück auskommen können, während eine reine Außenschleifmaschine nie mehr als etwa 8 Drehzahlen erhalten sollte.

Anordnung der Drehzahlen bei der Rundschleifmaschine, Abb. 68 bis 71.

Die Abbildungen 68 und 69, Diagramme, die nach den Katalogangaben zweier auf dem Gebiete des Schleifmaschinenbaues führender Firmen aufgestellt wurden, lassen deutlich erkennen, daß eine Einheitlichkeit der Ansichten über Größe und Anordnung der Drehzahlen noch keineswegs vorhanden ist. Die größten Werkstückdurchmesser sind zu 250 mm, Abb. 68, und zu 220 mm, Abb. 69, angegeben, die Maschinen haben also etwa gleiche Abmessungen. Ein Blick auf die beiden Diagramme genügt, um zu zeigen, daß die beiden Konstrukteure ganz verschiedener Ansicht gewesen sind, denn die Drehzahlen für die erste Maschine halten sich zwischen 21 und 166 Uml./min, die der zweiten zwischen 55 und 395 Uml./min.

Meiner Meinung nach sind bei beiden Maschinen die kleinsten Drehzahlen zu hoch gegriffen, denn es ist auf keiner der Maschinen möglich, auch nur annähernd die von Prof. Schlesinger in seiner bekannten Arbeit über Rundschleifmaschinen vorgeschlagene Mindestgeschwindigkeit von 2 m/min beim Schlichten zu erreichen, wenn Werkstücke von großen Durchmessern vorliegen; bei Maschine 2 ist dies sogar bei 100 mm Dmr., d. h. für Stücke unmöglich, die noch zwischen Brillen geschliffen werden. Durch Herabsetzen der Drehzahl des Deckenvorgeleges auf $^2/_3$ des für Maschine 1 vorgesehenen Wertes kann man, wie dies das Diagramm Abb. 70 zeigt, den Uebelstand mildern; doch ist man dann nicht mehr imstande, Werkstücke von weniger als 40 mm mit der Höchstgeschwindigkeit laufen zu lassen.

In Abb. 71 ist ein Diagramm dargestellt, das entsteht, wenn 8 Drehzahlen von $n_1 = 7$ bis $n_8 = 200$ Uml./min vorgesehen werden. Liegt bei dieser Maschine ein Werkstückdurchmesser von 150 mm vor und soll die Umfangsgeschwindigkeit des Werkstückes 10 m/min betragen, so hat man die Wahl, ob man n_3 verwenden will, wodurch etwa 9 m/min, oder n_4, wodurch etwa 14 m/min entstehen; nehmen wir eine

Abb. 68 und 69.

Umfangsgeschwindigkeit des Werkstückes auf der Rundschleifmaschine.

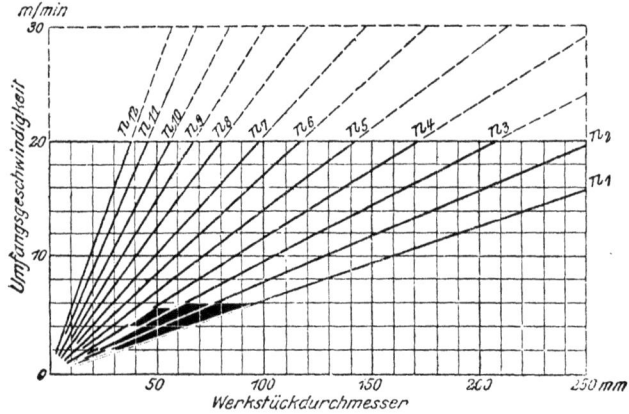

Abb. 68. Maschine 1.

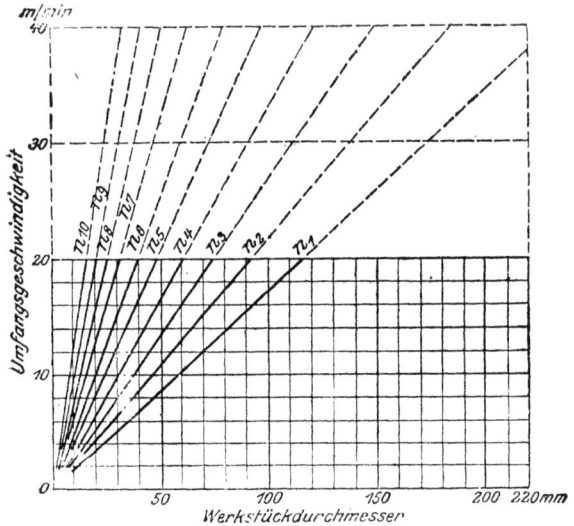

Abb. 69. Maschine 2.

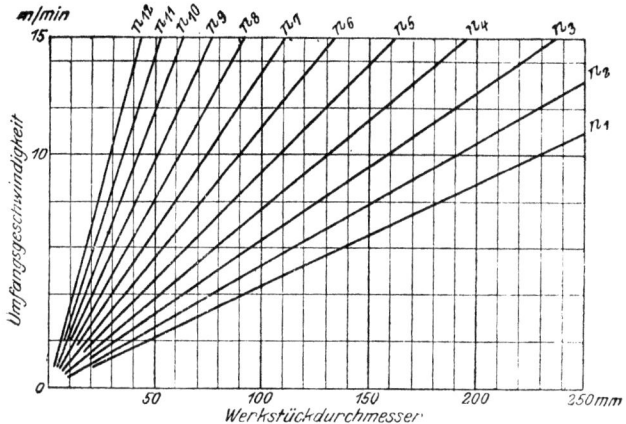

Abb. 70.

Abänderung der Maschine 1, Drehzahl des Deckenvorgeleges auf $^2/_3$ vermindert.

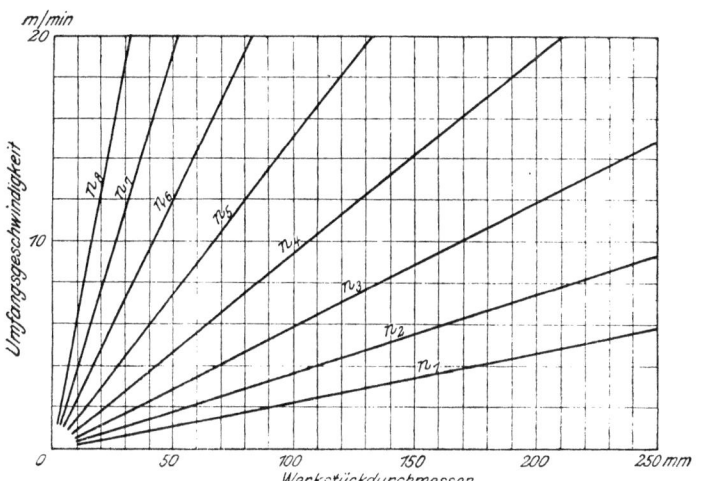

Abb. 71.

Bessere Anordnung der Drehzahlen einer Rundschleifmaschine.

Schnittgeschwindigkeit der Schleifscheibe von selbst nur 20 m/sk an, was wohl den niedrigsten heut überhaupt verwendeten Wert für Supportschleifmaschinen darstellt, so erhöht sich durch Benutzung von n_4, statt der nicht vorhandenen Drehzahl, die genau 10 m/min ergeben würde, die relative Schnittgeschwindigkeit nur um 4 m/min oder um 0,067 m/sk, also von 20 auf 20,067 m/sk, d. h. um 0,335 vH. Das Beispiel ist absichtlich etwas kraß gewählt, weil gezeigt werden sollte, daß selbst bei so großem Werte von φ (1,6) und bei außerordentlich starkem Auseinanderzerren der Grenzwerte für die Drehzahlen noch eine durchaus brauchbare Maschine entsteht.

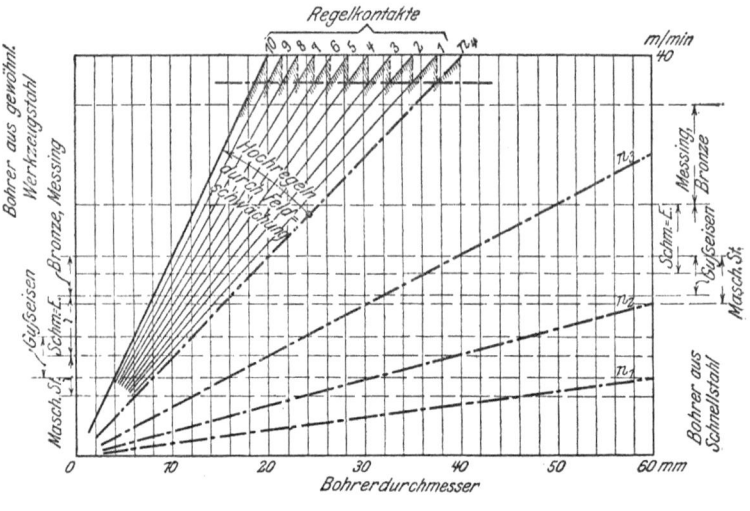

Abb. 72.
Sägendiagramm für eine Bohrmaschine (Abb. 81) für 4 Grunddrehzahlen mit zehnstufigem Regelmotor.

Anordnung der Drehzahlen bei der Bohrmaschine, Abb. 72.

In Abb. 72 ist das Sägendiagramm einer Bohrmaschine wiedergegeben, die mit 4 durch Räderübersetzungen regelbaren Grunddrehzahlen und mit einem Stufenmotor arbeitet, der einen Regulierbereich von $^1/_2$ besitzt. Der Motor ge-

— 51 —

stattet durch Feldschwächung eine allmähliche Erhöhung der Drehzahlen, und zwar sollen 10 Regulierkontakte vorgesehen sein. Da die Grunddrehzahlen (durch Umschalten des Getriebes im Räderkasten geregelt) zu 40, 80, 160 und 320 Uml./min, also mit einem Sprung $\varphi = 2$ angeordnet sind, so muß der Sprung der Regulierkontakte $\varphi' = 1{,}07$, d. h. $\varphi' = \sqrt[10]{\varphi}$ sein; man ist also imstande, die gewünschte Schnittgeschwindigkeit mit einer Annäherung von mindestens 6,5 vH zu erreichen. Der Arbeiter stellt am Sägendiagramm die Grunddrehzahl (im Diagramm durch strichpunktierte Gerade bezeichnet) fest, die gestattet, die gewünschte Schnittgeschwindigkeit mit möglichster Genauigkeit zu erreichen, und reguliert dann die Drehzahl hoch, bis der Bohrer anfängt zu pfeifen; der letzte Regulierkontakt, bei dessen Benutzung eben noch kein Pfeifen eintrat, ergibt dann die günstigste Drehzahl und die kürzeste Arbeitzeit. Für Bohrmaschinen, bei denen die Abstufung der Durchmesser feiner ist, als bei jeder andern Werkzeugmaschine, dürfte ein Sägendiagramm der in Abb. 72 wiedergegebenen Art und die Anwendung eines Stufenmotors ganz besonders zu empfehlen sein.

Der Arbeiter hat also in dem Sägendiagramm, vorausgesetzt, daß er über seine Anwendbarkeit die richtige Belehrung erhält, und daß auch der Betriebsingenieur die Benutzung gut überwacht, ein ausgezeichnetes Mittel, in jedem Fall aus seiner Maschine die denkbar höchste Leistung herauszuholen.

Entwurf und Untersuchung einer Drehzahlenreihe, Abb. 73.

In Abb. 73 ist gezeigt, wie das richtige Verständnis von der Bedeutung des Quotienten φ der geometrischen Reihe dem Konstrukteur der Werkzeugmaschine ein bequemes Mittel an die Hand gibt, auch die Uebersetzung des Rädervorgeleges für Unterteilung der Drehzahlenreihe, also zur Herstellung des Gruppensprunges (im Gegensatze zum Stufensprunge) zu ermitteln. Die schon mehrfach benutzten 8 Drehzahlen von $n_1 = 8$ bis $n_8 = 137$ Uml./min sind auf logarithmischem Koordinatenpapier aufgetragen, und zwar genügt es, n_1 und n_8 allein einzuzeichnen, worauf die Zwischendrehzahlen auf der Verbindungsgeraden ohne weiteres abzulesen sind. Den Gruppensprung, also die Uebersetzung des Räder-

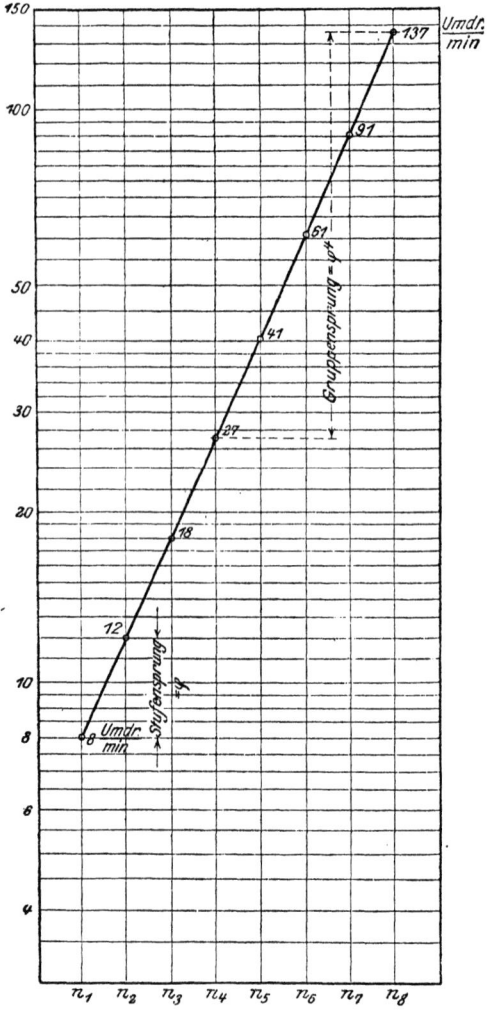

Abb. 73.
Die acht Drehzahlen, in geometrischer Reihe, auf logarithmischem Koordinatenpapier aufgetragen.

vorgeleges, findet man aus dem Verhältnisse $\frac{n_4}{n_8}$, in unserm Falle zu $J = \frac{27}{137} = \frac{1}{5,1}$.

In den meisten Fällen wird es nicht möglich sein, das Uebersetzungsverhältnis J mit absoluter Genauigkeit dem theoretischen Wert anzupassen, da die Zähnezahlen der benutzten Räder als ganze Zahlen, und deshalb nicht in jeder beliebigen Größe zu wählen sind; will der Konstrukteur also die Drehzahlen genau nach einer geometrischen Reihe anordnen, so tut er gut, das Rädervorgelege möglichst genau zu ermitteln und dann einen neuen Wert q, in unserm Falle $\varphi = \sqrt[4]{\frac{1}{J}}$, zu berechnen. Die neuen Grenzdrehzahlen werden dann etwas von den zuerst theoretisch ermittelten abweichen, was aber für die Brauchbarkeit der Maschine ohne Bedeutung ist. Jedenfalls ist dieses Verfahren besser, als das häufig geübte, das Rädervorgelege nur ungefähr dem Stufensprung anzupassen, wodurch zwischen n_4 und n_5 ein Knick in der Geraden des logarithmischen Diagrammes entsteht[1]).

Der Betriebsmann kann sich des logarithmischen Koordinatenpapieres bedienen, wenn er eine Werkzeugmaschine daraufhin untersuchen will, ob die Drehzahlen richtig angeordnet sind und ob das Rädervorgelege sich gleichfalls der Reihe anpaßt. Er kann Stichproben an den von verschiedenen Fabriken gelieferten Maschinen seines Betriebes in der Art entnehmen, daß er die Zähnezahlen der Räder auszählen und die Durchmesser der Stufenscheiben feststellen läßt und aus diesen Abmessungen der Maschine die Drehzahlenreihen berechnet. Die auf diese Weise ermittelten Drehzahlen können dann gleich zur Aufstellung von Sägendiagrammen benutzt werden. Wie der Betrieb imstande ist, nachträglich eine fehlerhaft aufgebaute Maschine in Ordnung zu bringen, soll an einer anderen Stelle an einem Beispiele gezeigt werden. Die großen und gut geleiteten Werkzeugmaschinenfabriken kennen und befolgen die besprochenen Regeln, den kleineren indessen, von denen manche noch recht lässig in dieser Beziehung sind, würde eine derartige Nachkontrolle oft recht gut tun.

---

[1]) s. hierzu Abb. 81.

Theoretische Grundlagen für die Anordnung der Schaltbewegung.

War in den vorstehenden Ausführungen von den Bedingungen die Rede, die bei Anordnung der Drehzahlen für die Hauptantriebe der Werkzeug- oder Werkstückspindel aufgestellt werden müssen, so wollen wir uns jetzt den Schaltantrieben zuwenden, von deren sachgemäßer Durchbildung die Wirtschaftlichkeit der Werkzeugmaschinen in ebenso hohem Maß abhängt.

Die Drehbankschaltung abhängig von der Drehzahl des Werkstücks.

Bei den Drehbänken wird, wenn überhaupt Selbstgang für den Schaltantrieb vorgesehen ist — und bei den hier in Frage kommenden Drehbänken ist dies stets der Fall —, dieser immer in unmittelbare Abhängigkeit von der Drehzahl der Werkstückspindel gebracht, d. h. es liegt Schaltung in mm pro Umlauf des Werkstückes vor. Der in der Minute bewirkte Vorschub des Supportes beträgt also sn mm/min, d. h. die für die Dreharbeit aufzuwendende Zeit ist umgekehrt proportional dem Produkt aus der Drehzahl und dem Schaltvorschub, die für die Arbeit gewählt waren.

Leistung der Drehbank.

Die Leistung einer Drehbank ist gleich dem Zerspanungswiderstand an der Schnittstelle, multipliziert mit der Schnittgeschwindigkeit; der erste Faktor dieses Produktes ist $P = qK = hsK$, worin h die Spantiefe, s die Schaltung und K eine Widerstandsziffer darstellt, die zwar genau genommen keine Konstante ist, wie H. Fischer, Nicholson und Taylor für Dreharbeit, Codron für Bohrmaschinen, Schlesinger und Pockrandt für Schleifmaschinen nachgewiesen haben, die wir aber bei den folgenden Betrachtungen, um sie nicht zu verwickelt zu gestalten, als eine Konstante ansehen wollen.

Sprung der Reihen für Schaltvorschübe.

Für die Anordnung der Schaltantriebe muß maßgebend sein, daß man zu einem größeren Schaltvorschube zu greifen hat, wenn man bei Festlegung der Drehzahl für den Schnittantrieb unter die Schnittgeschwindigkeit herunter zu gehen gezwungen war, die im vorliegenden Fall als die geeignetste erschien; denn das Produkt ns kann nur dann einen befriedigend hohen Wert annehmen, wenn die unvermeidliche Verringerung des einen Faktors (n) durch entsprechende Erhöhung des andern (s) ausgeglichen wird. Sind die Schaltvorschübe mit dem gleichen Sprung angeordnet wie die Drehzahlen des Hauptantriebes, so wird durch Wahl des größeren Vorschubes die Leistung der Zerspanungsarbeit größer werden, als sie bei Anwendung der richtigen Drehzahl (die ja aber nicht vorhanden war) und des zuerst in die Rechnung eingesetzten Vorschubwertes geworden wäre; der Riemen wird also, zumal er bei der kleineren Drehzahl meist langsamer läuft, nicht durchziehen. Man wird deshalb gezwungen sein, den kleineren von zwei in Frage kommenden Schaltvorschüben und damit die größere Arbeitszeit zu verwenden. Wählt man den Sprung der Reihe für die Schaltvorschübe kleiner als den für die Drehzahlen des Schnittantriebes, so wird man in den meisten Fällen in der Lage sein, eine günstigere Arbeitszeit zu erzielen. Durch Uebergehen auf den nächsthöheren Schaltvorschub wird nämlich die Spanleistung dann nicht so stark erhöht, und in den meisten Fällen wird der Riemen ohne Schwierigkeit auch bei der größeren Schaltung noch durchziehen, wodurch die Arbeitsleistung in der Zeiteinheit den denkbar größten Betrag ergeben wird.

Schaltung der Hobel- und Stoßmaschinen in mm/Hub.

Bei Hobel- und Stoßmaschinen erfolgt die Schaltung wohl ausnahmslos in der Art, daß den Werkstück oder Werkzeugsupport eine Schraubenspindel vorwärts schiebt, deren Antrieb einige Worte gewidmet werden sollen.

Bei jedem Hin- und Rückgang, also einmal während jedes Doppelhubes, wird ein Sperrad, das entweder unmittelbar auf der erwähnten Schraubenspindel sitzt oder mit ihr durch Vorgelegeräder verbunden ist, um einen einstellbaren Winkelbetrag herumgedreht. Da das Sperrad nur um je 1, 2, 3, 4 Zähne usw. geschaltet werden kann, so liegt auf der Hand, daß die Drehzahlen der Schraubenspindel (Teilbeträge einer ganzen Umdrehung) in einer arithmetischen Reihe angeordnet sein müssen. Nehmen wir nun den Fall an, es werde auf der Maschine eine Schrupparbeit mit großer Spantiefe und geringer Schaltung s vorgenommen, die Maschine ziehe aber bei der zuerst eingestellten Schaltung, beispielsweise s_2, nicht durch, so ist man gezwungen, auf s_1 überzugehen, wodurch, weil im ersten Fall um je zwei, jetzt aber nur um je einen Zahn des Sperrades geschaltet wird, die Arbeitszeit auf das Doppelte erhöht wird. Die großen Schaltvorschübe kommen für das Schlichten in Frage; sie stehen außerordentlich dicht, was man erkennt, wenn man überlegt, daß es nur einen ganz kleinen Unterschied ausmacht, ob z. B. um 8 oder um 7 Zähne des Sperrades geschaltet wird.

Anordnung der Schaltvorschübe in arithmetischer oder geometrischer Reihe?

Vielleicht könnte der Werkzeugmaschinenbau dieser Frage einmal seine Aufmerksamkeit zuwenden und überlegen, ob nicht auch bei den Hobel- und Stoßmaschinen eine Anordnung der Schaltvorschübe nach geometrischer Reihe möglich wäre. Die Frage ist deshalb von besonderer Wichtigkeit, weil bei dieser Art von Maschinen die Größe der Arbeitszeit eigentlich ausschließlich von der Größe der benutzten Schaltbewegung abhängt, da oft nur eine, in den seltensten Fällen mehr als zwei Schnittgeschwindigkeiten herstellbar sind; eine Ausnahme bildet einzig die Wagerechtstoßmaschine mit dem sogenannten Kulissenantrieb, auf die auch aus einem andern Grunde später noch eingegangen werden soll.

Schaltung der Fräsmaschine in mm/min oder in mm/Uml. des Fräsers?

Bei Wagerechtfräsmaschinen findet man im allgemeinen, daß der Schaltantrieb von der Frässpindel her abgeleitet wird, was angesichts der Arbeitsweise dieser Maschinengattung ungeeignet erscheint.

Wie schon zu Abb. 40 besprochen wurde, hängt der Spanquerschnitt von der Spantiefe h und von dem Betrage s_0 ab, um den das Werkstück vorwärts geschaltet wird, während sich der Fräser um je einen Zahn herumdreht. Bezeichnet s den Vorschub in mm/min und s' den in mm/Uml., so ist (s. Abb. 40)

$$s_0 = \frac{s}{nz} = \frac{s'}{z} \text{ mm},$$

d. h. im ersten Fall ist s_0 abhängig von Zähnezahl und Drehzahl, im zweiten nur von der Zähnezahl des Fräsers. Nun haben die kleinen Fräser geringe Zähnezahlen, so daß in Verbindung mit den für sie natürlich nötigen großen Drehzahlen

— 57 —

bei Anordnung der Schaltung s in mm/min Nennerwerte von annähernd den gleichen Größen entstehen wie für große Fräser mit ihren großen Zähne- und geringen Drehzahlen. Da die Zähnezahlen der kleinen Fräser im Verhältnisse größer sind als die der großen, und zwar im gleichen Verhältnisse, wie die Zahnteilungen feiner sind als jene der großen, so nehmen die Spandicken s_0 proportional den zur Aufnahme der Späne verfügbaren Zahnlücken ab und zu. Man kann also alle verfügbaren Vorschübe s je nach der Art der vorliegenden Arbeit und ohne Rücksicht auf den Fräserdurchmesser anwenden, d. h. beim Bearbeiten einfacher Profile (Planarbeiten mit Walzenfräser) die größten, bei Fassonarbeiten mit hinterdrehten Fräsern die kleinsten Schaltvorschübe in mm/min verwenden.

Erfolgt die Schaltung s' in mm pro Umlauf der Frässpindel, ist also der Wert s_0 umgekehrt proportional der Zähnezahl des Fräsers, die absolut genommen bei kleinen Fräsern natürlich im allgemeinen kleiner ist als bei großen, so ergeben sich bei gleicher Schaltung s' die geringsten Spanstärken für ganz große, die größten für ganz kleine Fräser; man wird also beim Arbeiten mit kleinen Fräsern die größten und beim Arbeiten mit großen Fräsern die kleinsten der vorhandenen Schaltbeträge s' mm/Uml. nicht verwenden können, demnach im ersten Falle nach geringeren, im zweiten nach größeren Schaltungen verlangen.

Vergleich von drei Fräsmaschinen
mit verschiedener Anordnung der Schaltung,
Abb. 74 bis 77.

Zum Vergleiche seien drei Fräsmaschinen herangezogen, von denen zwei mit Schaltvorschüben in mm/Uml., die dritte mit solchen in mm/min versehen ist. Die Maschinen 1 und 2 unterscheiden sich dadurch, daß bei der ersten der Schaltvorschub unmittelbar von der Frässpindel, bei der zweiten von der Stufenscheibe her abgeleitet wird, die sich bei Verwendung der vier kleinsten Drehzahlen, also der großen Fräser, um einen gewissen Betrag — hier 6,05 mal — schneller dreht als die Frässpindel.

Die Drehzahlen der drei Fräsmaschinen seien gleich, von 17 bis 397 Uml./min geometrisch abgestuft.

Die Schaltungen betragen bei
Maschine 1: $s_1' = 0{,}075$ bis $s_{12}' = 1{,}5$ mm/Uml.

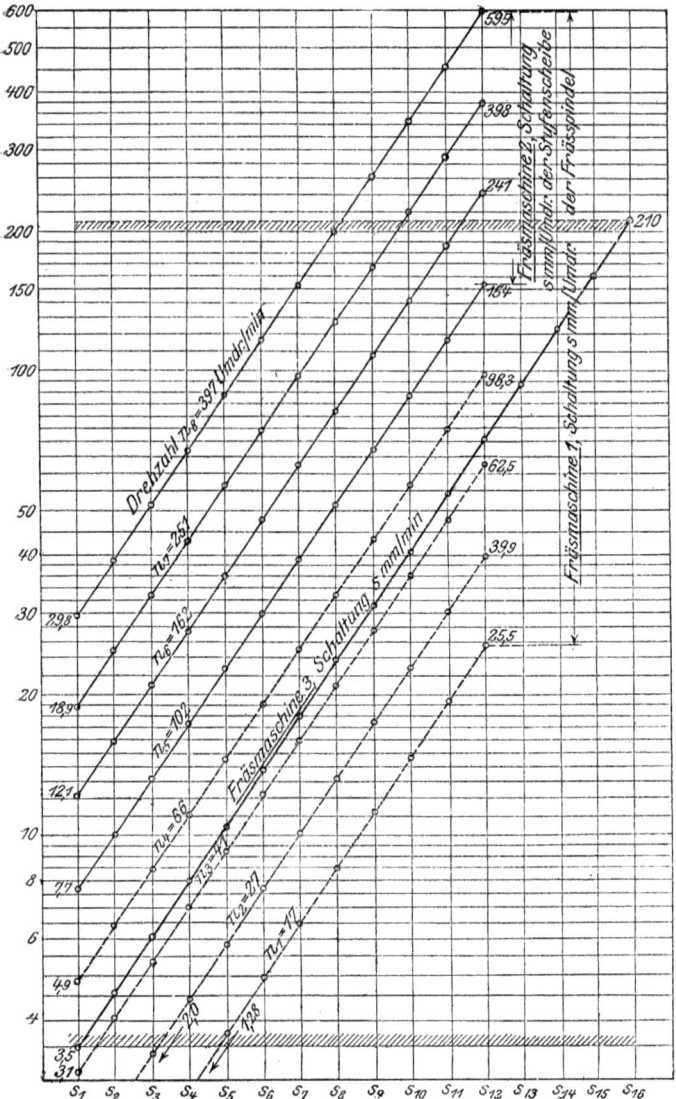

Abb. 74. Der Schaltantrieb einer Planfräsmaschine.

Maschine 2: $s_1' = 0{,}075$ bis $s_{12}' = 1{,}5$ mmUml. (für n_5 bis n_8)
$s_1' = 0{,}45$ » $s_{12}' = 9{,}1$ » (» n_1 » n_4)
» 3: $s_1 = 3{,}5$ » $s_{16} = 210$ mm/min.

Im logarithmischen Diagramm der Abbildung 74 sind die Schaltvorschübe der drei Maschinen, für die erste und zweite auf mm/min umgerechnet, wiedergegeben, so daß man imstande ist, den Vergleich anzustellen. Die größten Schaltvorschübe sind für die kleinsten, die kleinsten für die größten Fräser entbehrlich, was zum besseren Verständnis auch noch an den Abbildungen 75 bis 77 und an Hand der folgenden Zahlentafel erläutert werden soll.

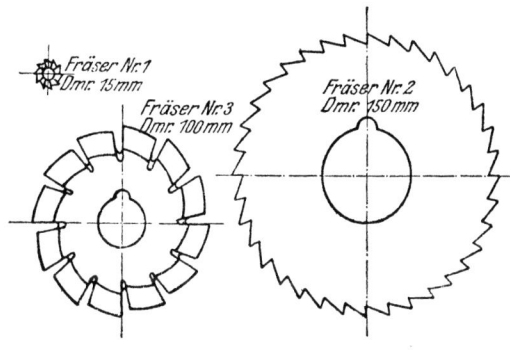

Abb. 75 bis 77.

Abmessungen der drei zum Vergleich herangezogenen Fräser.

Fräser Nr.	Durchmesser mm	Zähnezahl	Uml./min	Vergleich der Spanstärken Schaltvorschübe s_0 in mm pro Fräserzahn		
				Fräsmaschine 1	Fräsmaschine 2	Fräsmaschine 3
1	15	10	251	von 0,0075 mm bis 0,15 »	von 0,0075 mm bis 0,15 »	von 0,00139 mm bis 0,0837 »
2	150	36	27	von 0,0021 » bis 0,0417 »	von 0,0125 » bis 0,253 »	von 0,0036 » bis 0,216 »
3	100	12	27	von 0,0063 » bis 0,125 »	von 0,0375 » bis 0,758 »	von 0,0108 » bis 0,648 »

Es liege ein kleiner Fingerfräser von 15, ein Walzenfräser von 150 und ein Modulfräser von 100 mm Dmr. vor, die Zähnezahlen betragen 10, 36 und 12, und die für die Bearbeitung von Gußeisen nötigen Drehzahlen seien für Fräser 1 $n_1 = 251$, für die beiden andern Fräser $n_2 = 27$ Uml./min. Die auf den drei Maschinen für diese Fräser herstellbaren Vorschübe s_0 in mm pro Zahn sind aus der Tafel zu ersehen, und man erkennt, daß Maschine 1 die ungünstigsten Spanstärken s_0 ergibt, die gerade für den feinzahnigen Fräser größere Werte annehmen als für den großen mit den weiten Zahnlücken; am besten paßt sich Maschine 3 den Bedürfnissen des Betriebes an, während Maschine 2, die entschieden besser ist als Maschine 1, der Ausführung 3 gegenüber auch einen gewissen Vorteil bietet. Das einzige berechtigte Bedenken nämlich, das man gegen die Ausführung 3 haben könnte, ist, daß einmal der Antriebriemen auf der Fräserspindel rutschen, der Tischvorschub aber das Werkstück weiter gegen den Fräser führen könnte, wodurch das Werkzeug zerbrochen und das Werkstück ebenfalls verdorben werden würde; diese Befürchtung, der einige Erbauer von Fräsmaschinen dadurch begegnen, daß sie eine Sicherheitskupplung zwischen Fräserspindel und Tischvorschubwelle einschalten, entfällt bei der Ausführung 2, weil Fräser und Tischvorschub beide von der Stufenscheibe her ihren Antrieb erhalten. Wem also die Ausführung mit Ableitung des Vorschubes unmittelbar vom Deckenvorgelege bedenklich erscheint, der wähle die Ausführung 2 mit Antrieb des Vorschubes von der Stufenscheibe her, was gegenüber der meist üblichen Anordnung die aus der Zahlentafel erkennbaren Vorteile bietet.

Schaltung der Rundschleifmaschine in mm/Umdr. des Werkstücks.

An Hand der Abbildungen 68 bis 71 wurde bereits die eine Art von Schaltung an der Rundschleifmaschine besprochen, nämlich diejenige, die dem Werkstück in tangentialer Richtung, d. h. im Kreise erteilt wird. Außer dieser ersten Schaltung handelt es sich aber bei diesen Schleifmaschinen noch um eine zweite, parallel zur Werkstückachse erfolgende, die gewissermaßen der bei der Dreharbeit, Abb. 27, auftretenden verglichen werden kann, und deshalb eigentlich in Abhängigkeit von der Drehzahl des Werkstückes, d. h. in mm pro Umlauf des Werkstückes erfolgen müßte.

Vergleich von zwei Rundschleifmaschinen mit verschiedener Anordnung der Schaltung, Abb. 78 und 79.

In den Abbildungen 78 und 79 sind, wieder auf logarithmischem Koordinatenpapier, die für die schon oben besprochenen beiden Schleifmaschinen in den Katalogen angegebenen Schaltvorschübe dargestellt, die dort in mm/min, also unabhängig von den Drehzahlen der Werkstücke bewirkt werden. Nachstehend soll diese Anordnung einer Kritik unterzogen werden, und die gegebenen Vorschübe sind deshalb für beide Maschinen auf mm pro Umlauf des Werkstückes zwischen den Spitzen umgerechnet worden, wodurch die in den beiden Diagrammen zu erkennenden parallelen Geraden entstanden sind. Die gleiche Verschiedenheit der Ansichten, die schon bei Bemessung der Größen für die Werkstückdrehzahlen vorlag, ist auch hier wieder zu bemerken. Während nämlich die erste Maschine 12 Schaltvorschübe innerhalb der Grenzen von 270 bis 1800 mm/min vorsieht, liegen für die zweite 10 Schaltvorschübe zwischen 420 und 3000 mm/min vor.

Daß dieser große Unterschied in den Diagrammen nicht so scharf zum Ausdruck kommt, liegt daran, daß durch die höheren Drehzahlen der zweiten Maschine die Schaltvorschübe in mm/Uml. stärker heruntergedrückt werden, als dies bei denen der ersten der Fall ist.

Da im ersten Falle eine Breite der Schleifscheibe von 50, im zweiten eine solche von 38 mm vorliegt, so sind die über diese Grenzen hinausgehenden Vorschübe in mm/Uml. für den Arbeiter nicht verwendbar; anderseits stehen ihm für die Schlichtarbeit, bei Bearbeitung großer Werkstücke, für die er die kleinen Drehzahlen verwenden muß, die gewünschten feinen Vorschübe nicht zur Verfügung. Liegen dünne Werkstücke vor, so ist der Arbeiter nicht imstande, größere Schaltvorschübe anzuwenden, ja bei den größten Drehzahlen beider Maschinen kommt er nur auf höchstens $1/5$ der Maximalvorschübe von 50 bezw. 38 mm pro Umlauf des Werkstückes.

Die Massenarbeit bei der Tischumkehr kein Grund für falsche Anordnung des Schaltvorschubes.

Wie ich von fachmännischer Seite höre, ist der Konstrukteur der Schleifmaschinen zu dieser Abweichung von der eigentlich gebotenen Anordnungsart dadurch gekommen-

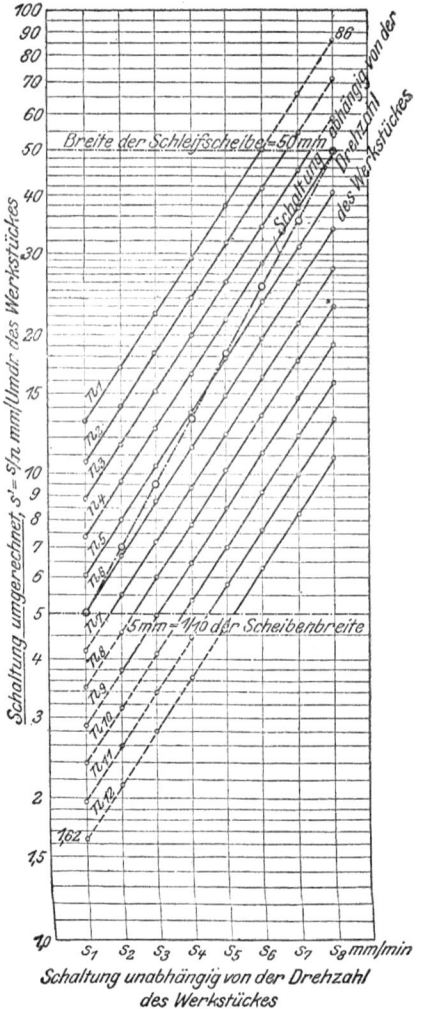

Abb. 78. Der Schaltantrieb bei Rundschleifmaschinen.

Maschine 1 (s. Abb. 68).

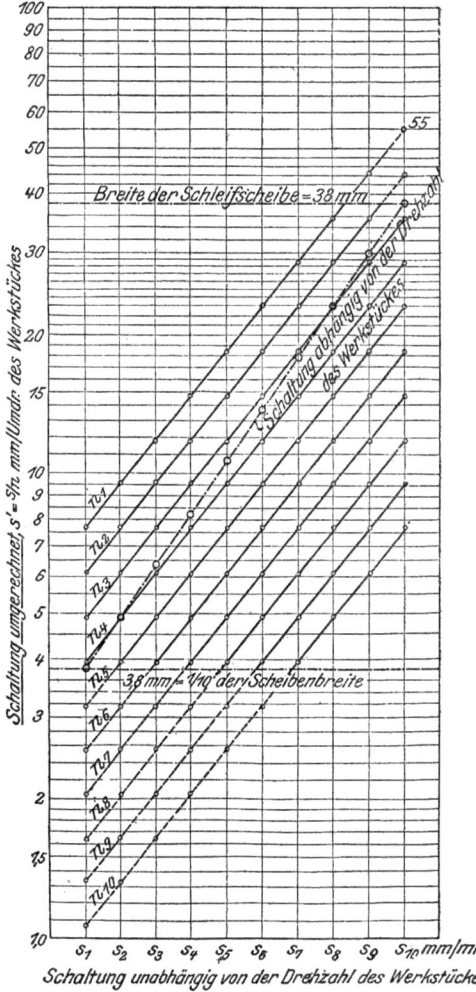

Abb. 79. Der Schaltantrieb bei Rundschleifmaschinen.

Maschine 2 (s. Abb. 69).

daß er befürchtete, zu große absolute Tischgeschwindigkeiten zu erhalten, wenn die dünnen Werkstücke einmal mit dem größten Schaltvorschube von 50 bezw. 38 mm pro Umlauf des Werkstückes geschaltet werden sollten. Nun läßt sich nicht verkennen, daß dieser Einwand eine gewisse Berechtigung hat; denn wenn z. B. der größte Schaltvorschub einmal gleichzeitig mit der höchsten Drehzahl auftreten sollte, so ergäbe sich im ersten Fall eine absolute Schaltgeschwindigkeit des Tisches von $50 \cdot 166 = 8300$ mm/min und im zweiten eine solche von $38 \cdot 395 = 15000$ mm/min. Die in dem Diagramm der Abbildung 71 wiedergegebene Maschine weist eine größte Drehzahl von 200 Uml./min auf, würde also bei gleichem Schaltvorschube wie Maschine 1 eine Höchstgeschwindigkeit des Tisches von $200 \cdot 50 = 10000$ mm/min ergeben. Diese Zahlen sind sicher hoch, doch gebe ich zu bedenken, daß nach Versuchen von Prof. Schlesinger an einer Tischhobelmaschine der Niles-Werke (jetzt Maschinenfabrik Oberschöneweide) nachgewiesen wurde, daß der schwere Hobelmaschinentisch mit einem Gewicht von 13060 kg nur eine Massenarbeit von 16,7 mkg verkörperte, während die erste schnell umlaufende Riemenscheibe von nur 106 kg Gewicht eine solche von 1032 mkg darstellte, die bei jeder Umsteuerung zu vernichten und neu zu erzeugen war. Nun liegt bei den Rundschleifmaschinen wohl nie ein auch nur annähernd so gewaltiges Gewicht vor, wenn auch allerdings die Tischgeschwindigkeiten mindestens ebenso groß werdenkönnen wie bei der Hobelmaschine — bei dieser war die Geschwindigkeit $v = 9{,}5$ m/min —, so daß bei den Rundschleifmaschinen stets weit geringere Massenarbeiten zu vernichten sein werden. Anderseits liegen die Verhältnisse der Umsteuerung bei den Schleifmaschinen wesentlich günstiger; während nämlich die erwähnte erste Riemenscheibe der Hobelmaschine 219,5 Uml./min macht, ergeben sich für unsere drei Schleifmaschinen — bei Annahme von Zahnstangenantrieb für den Tisch und eines Rades vom Modul 4 mm und 30 Zähnen — nur 22 bezw. 39,8 bezw. 26,5 Uml./min. Da außerdem, selbst wenn man den Antrieb mit 2 Zahnrädern und Doppelzahnstange ausführt, sicherlich das oben angeführte Gewicht kaum zur Hälfte erreicht werden wird, so kann es sich beim Umsteuern nur um Massenarbeiten handeln, die weniger als den hundertsten Teil der oben erwähnten Zahl ergeben. Die Art, wie der neuzeitliche Schleifmaschinenbau die Stöße in den Kupplungen aufnimmt, hat Prof. Schwerd in unserer Zeitschrift[1]) in sehr eingehenden Ausführungen dargelegt; die von ihm als Gefahrengrenze angegebene Drehzahl der Kupplungswelle von 150 Uml./min wird bei den vorliegenden Maschinen nur erreicht, wenn die Uebersetzung von der Kupplungs- zur Zahnradwelle des Zahnstangengetriebes den Wert $^1/_4$ oder $^1/_5$ überschreitet.

Wenn also die vorstehend vorgeschlagene Anordnung des Schaltantriebes in Abhängigkeit von der Drehzahl des Werkstückes, wie sie z. B. die bekannte Firma Brown & Sharpe ausführt, vom Betriebsmann für richtiger erachtet werden sollte, so müßte der Werkzeugmaschinenbau die entgegenstehenden Schwierigkeiten zu überwinden suchen. Nebenbei sei bemerkt, daß die größten Schaltgeschwindigkeiten des Tisches nur beim Schruppen, also nur dann Verwendung finden werden, wenn die höchsten Ansprüche an Genauigkeit und damit an ein völlig erschütterungsfreies Arbeiten nicht gestellt werden.

Schaltung der Bohrmaschinen in mm/Umdr. des Bohrers oder in mm/min?

Wie schon vorstehend zu Abb. 59 besprochen wurde, hat die Größe des Schaltvorschubes s bei Bohrmaschinen nicht nur Einfluß auf die Größe des Spanquerschnittes, sondern die Schaltung ist bestimmend auch für die Gestalt der Bahn, auf der sich die Werkzeugschneide bewegt. Ordnet man für dünne Bohrer Vorschübe von gleicher Größe an, wie sie für dicke Bohrer zur Verwendung kommen, so ergeben sich Schraubenlinien von sehr großem Steigungswinkel σ, Abb. 59, so daß der zur Wirkung kommende Teil β' des Rückenwinkels β, auf dessen Bedeutung für ein gutes Arbeiten des Bohrers ausführlich eingegangen wurde, recht klein wird und so die Gefahr vorliegt, daß der Bohrer der Länge nach aufreißt. Nun werden zwar von einsichtigen Fabriken für die kleinen Bohrer ganz geringe Schaltvorschübe vorgesehen, man kann aber häufig beobachten, daß gerade erfahrene Arbeiter es vorziehen, die Schaltung kleiner Bohrer lieber von Hand vorzunehmen, weil sie dann noch langsamer schalten können, als es der kleinste Selbstgang zu gestatten pflegt. Nichts ist nun gefährlicher als ungleichmäßiger Vorschub, der natürlich bei Handschaltung immer

---

[1]) Z. 1915 S. 190 u. f.

eintreten kann, und infolgedessen wird der vorsichtige Arbeiter noch langsamer schalten, als es unbedingt notwendig wäre, weil er nur dann ganz sicher ist, nie den zulässigen Höchstbetrag zu überschreiten. Durch dieses gewiß nicht in der Absicht des Erbauers der Maschine liegende Verfahren wird also eine Verlängerung der Arbeitsdauer ganz sicher eintreten, ein Zustand, den zu bekämpfen die Betriebe das größte Interesse haben.

Leitete man die Schaltvorschübe, wie es schon für die Fräsmaschinen vorgeschlagen wurde, ebenfalls vom Deckenvorgelege oder von einer sonstigen mit gleichbleibender Drehzahl umlaufenden Welle her unmittelbar ab, so würden sich wegen der höheren Drehzahlen der dünneren Bohrer für diese ganz von selbst geringere Schaltvorschübe in mm/Uml. ergeben.

Allerdings krankt dieses Verfahren zunächst an zwei Uebelständen. Werden nämlich die gleichen Vorschübe in mm/min für kleine und für große Bohrer verwendet, so dauert das Bohren eines kleinen Loches genau ebenso lange wie das Bohren eines großen, was aus wirtschaftlichen Gründen unzulässig ist; dann aber liegt die Gefahr vor, daß — ebenso wie bei den Fräsmaschinen — der Antriebriemen der Bohrspindel rutscht, der Bohrer aber trotzdem weiter geschaltet wird. Dem ersten Uebelstande kann man dadurch begegnen, daß man für kleine Löcher bei dieser Anordnung die größten Schaltvorschübe in mm/min anwendet, also gerade umgekehrt wie bei der üblichen Anordnung; man kann dies deshalb zulassen, weil dünne Bohrer stärkeren Hinterschliff, d. h. größere Winkel β aufweisen, so daß selbst nach Abzug eines größeren Steigungswinkels σ noch ein genügend großer wirksamer Rückenwinkel β' verbleibt. Die so zunächst unnötig erscheinenden kleinen Schaltvorschübe werden dann angenehm sein, wenn es sich um besonders hartes Material, oder wenn es sich um Bohrungen handelt, die ganz besonders sauber ausfallen sollen.

Der zweite der erwähnten Uebelstände ist schlimmer, denn irgendwelche Sicherheitskupplungen werden sich bei Bohrmaschinen schlecht anbringen lassen; man wird aber unbedenklich die vorgeschlagene Anordnung anwenden können, wenn der Antrieb der Bohrspindel nicht durch Stufenscheiben, sondern durch Zahnräder bewirkt wird, wie es heute, besonders bei schweren Bohrmaschinen, schon häufig geschieht.

Beispiel eines ausgeführten Schaltantriebes in mm/min, Abb. 80.

Einen gewissen Uebergang zu der vorgeschlagenen Anordnung läßt Abb. 80 erkennen, die die Anordnung der

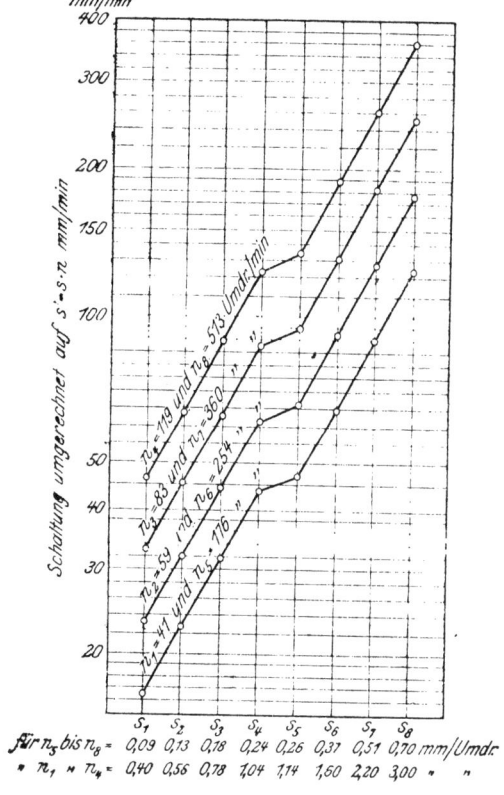

Abb. 80.
Untersuchung des Schaltantriebes einer schweren Bohrmaschine.

Schaltvorschübe einer schweren Schnellbohrmaschine von einer unserer besten Werkzeugmaschinenfabriken wiedergibt. Das Rädervorgelege zur Unterteilung der Drehzahlenreihe ist bei dieser Maschine nicht vor, sondern hinter der vierfachen Stufenscheibe angeordnet, die Schaltung wird aber unmittelbar von der Stufenscheibenwelle entnommen, so daß es für den Schaltvorschub gleichbedeutend ist, ob z. B. n_1 oder n_5, ob n_2 oder n_6 vorliegt usw., weil bei diesen der Antriebriemen für die Bohrspindel auf der gleichen Stufe liegt, die Stufenscheibe also die gleiche Drehzahl hat.

Liegen die kleineren Drehzahlen (n_1 bis n_4) vor, so ist das Rädervorgelege eingeschaltet, die Drehspindel macht wenig Umdrehungen in der Minute, der Vorschub in mm/Uml. ist also groß, was den mit den kleinen Drehzahlen umlaufenden großen Bohrern durchaus angemessen ist. Verwendet man dagegen kleine Bohrer, und dementsprechend die großen Drehzahlen, bei denen das Vorgelege außer Tätigkeit ist, so unterteilt sich der gleiche Vorschub in mm/min in viele Teile, der Vorschub in mm/Uml. wird also klein. In Abb. 80 sind die acht bei der vorliegenden Maschine herstellbaren Vorschubwerte s_1 bis s_8 mit ihren Doppelwerten eingetragen, und man erkennt, daß für die dünnen Bohrer ganz feine Schaltvorschübe in mm/Uml. zur Verfügung stehen, was dem eingangs erwähnten Mangel nachdrücklich abhilft, während anderseits die Möglichkeit besteht, große Bohrer mit sehr hohen Schaltvorschüben zu benutzen, was vorteilhaft ist, wenn vorgebohrte oder vorgegossene Löcher nachzubohren sind. Daß das Rädervorgelege mit seinem Gruppensprung sich nicht genau der geometrischen Reihe — die sonst gewahrt ist — anpaßt, läßt der Knick in der Geraden zwischen s_4 und s_5 erkennen. Die mir vorliegende Zeichnung stellt eine um mehrere Jahre zurückliegende Ausführung der Bohrmaschine dar, und es ist als sicher anzunehmen, daß dieser kleine Schönheitsfehler bei den heutigen Ausführungen nicht mehr vorkommt. Anderseits ist gerade der Umstand, daß die zur Grundlage vorstehender Besprechung dienende Maschine eine ältere Ausführung darstellt, ein Beweis dafür, daß der in Frage kommende Mangel in der Schaltung an Bohrmaschinen bei dieser Firma schon frühzeitig erkannt und abgestellt worden ist.

Vorschlag der Schaltanordnung für eine schwere Bohrmaschine, Abb. 81 und 82.

Verfolgt man den angeregten Gedanken weiter, so kommt man dazu, einmal den Versuch anzustellen, ob nicht auf dem beschrittenen Wege noch weiter gegangen werden sollte.

In Abb. 81 ist deshalb eine mit vierfachem Räderkasten (Ruppert-Getriebe) und Stufenmotor ausgerüstete Bohrmaschine für Bohrer von etwa 10 bis 60 mm in schematischer Skizze dargestellt, die eine Feinregulierung der Drehzahlen

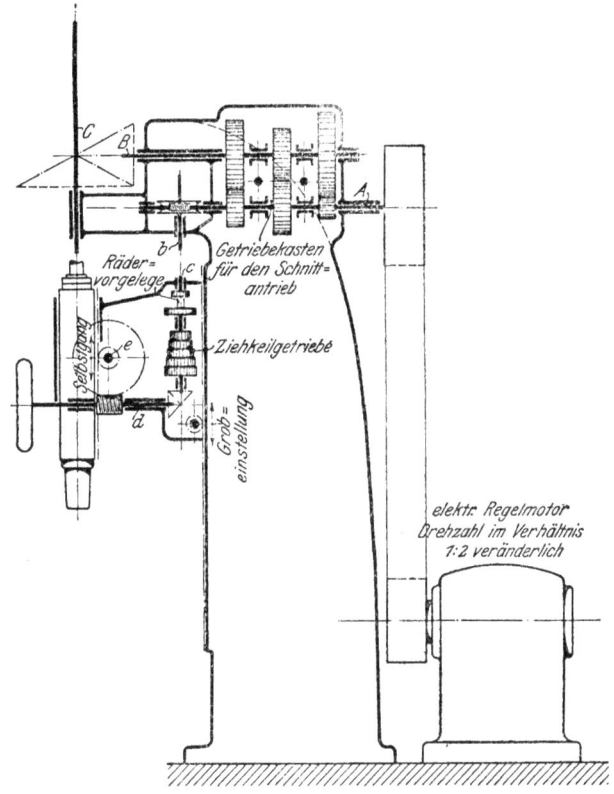

Abb. 81. Hochleistungs-Bohrmaschine (s. Abb. 72) für 60 mm Höchstdurchmesser des Bohrers.

durch Stufenmotor gestattet; das zugehörige Sägendiagramm wurde bereits in Abb. 72 gegeben und dort besprochen.

Bei der vorgeschlagenen Anordnung wird der Schaltantrieb von der stets mit gleicher Drehzahl umlaufenden Welle A

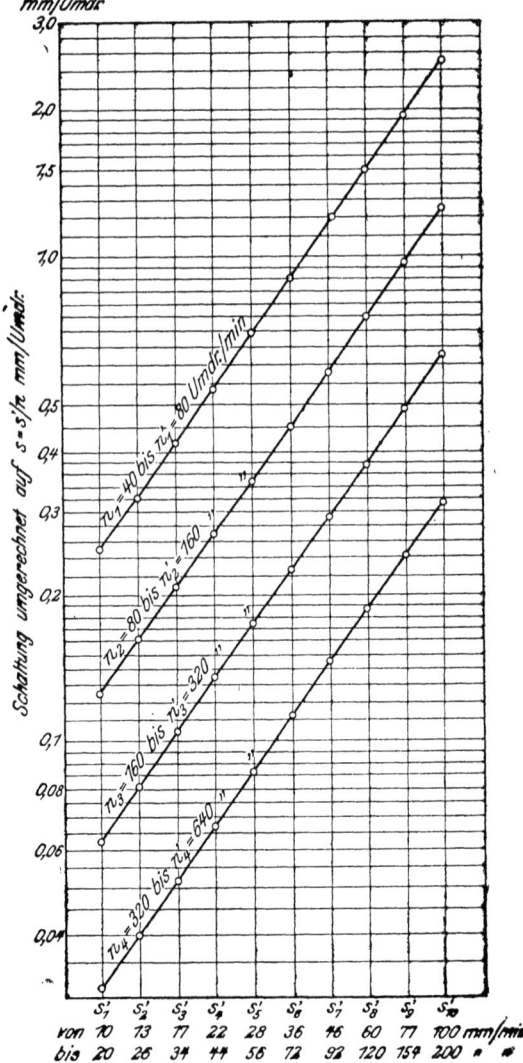

Abb. 82. Anordnung der Schaltvorschübe für die Bohrmaschine aus Abb. 72 und 81.

aus abgeleitet, ist also, unabhängig von der für die Bohrspindel benutzten Drehzahl, in mm/min gegeben. Die oben besprochene Gefahr einer Weiterschaltung bei stillstehendem Bohrer ist deshalb ausgeschlossen, weil ein Rutschen des einzigen vorhandenen Riemens gleichzeitig einen Stillstand des Vorschubes, also eine sichere Vermeidung jedes Unfalles bedeutet; man wird deshalb nur über die Zweckmäßigkeit oder Unzweckmäßigkeit der ganzen Anordnung von wirtschaftlichen Gesichtspunkten aus zu urteilen haben.

Die Schaltvorschübe sind, 10fach abgestuft, von $s_1' = 10$ bis $s_{10}' = 100$ mm/min bei langsam laufendem Motor und von $s_1' = 20$ bis $s_{10}' = 200$ mm/min bei schnellaufendem Motor angeordnet. Das Diagramm der Abbildung 82 zeigt, daß die Schaltvorschübe in mm/Uml. sich dann für die kleinen Bohrer, bei Verwendung der größten Drehzahl n_4, zwischen $s_1 = 0,03$ und $s_{10} = 0,313$ mm/Uml., für die größten Bohrer, bei Verwendung von n_1, zwischen $s_1 = 0,25$ und $s_{10} = 2,5$ mm/Uml. usw. bewegen; das Hochregulieren der Motordrehzahl hat natürlich auf diesen Vorschub keinen Einfluß.

Die Abstechmaschine und ihre Schaltung.

In den Abbildungen 83 bis 86 ist die Arbeitsweise der Abstechmaschine dargestellt, die in den letzten Jahren zu einer Bedeutung für den Betrieb herangewachsen ist, an die man früher nicht gedacht hätte. Infolge der ausgiebigeren Verwendung des Schnelldrehstahles werden heute viele Maschinenteile aus dem Vollen gedreht, die noch vor einigen Jahren jedermann geschmiedet hätte; es ist also, besonders wenn die Stücke zwischen Spitzen gedreht werden sollen, nötig, sehr saubere Stirnflächen zu erzielen, damit eine der unangenehmsten Arbeiten für den Dreher, nämlich das sogenannte Hochziehen eben dieser Stirnflächen, in Fortfall kommen kann. In Verbindung mit der Zentriermaschine kann die Abstechmaschine diese Vorarbeit ganz vorzüglich leisten und dabei Genauigkeiten der Längenabmessungen innehalten, die von ihrer schärfsten Mitbewerberin, der Säge, bisher nicht annähernd erreicht werden.

Abnahme der Schnittgeschwindigkeit.

Der besonders bei der Arbeitsart der Abstechmaschine auftretende Nachteil ist der, daß gegen Ende des Arbeitsprozesses wegen des abnehmenden Werkstückdurchmessers die Schnittgeschwindigkeit sinkt und zum Schlusse, theoretisch wenigstens, den Betrag 0 erreicht. Alle besseren Abstechmaschinen sind infolgedessen mit einer Einrichtung versehen, die gestattet, die Drehzahl bei abnehmendem Werkstückdurchmesser allmählich zu steigern. Da die Schnittgeschwindigkeit

$$v = \frac{d\pi n}{1000} \text{ m/min}$$

nur gleichmäßig bleiben kann, wenn das Produkt dn einen unveränderten Wert beibehält, also (wegen des Grenzwertes $d=0$) $n = \infty$ den — natürlich nie erreichbaren — Grenzwert

Abb. 83 bis 86.   Der Schaltantrieb bei Abstechmaschinen.

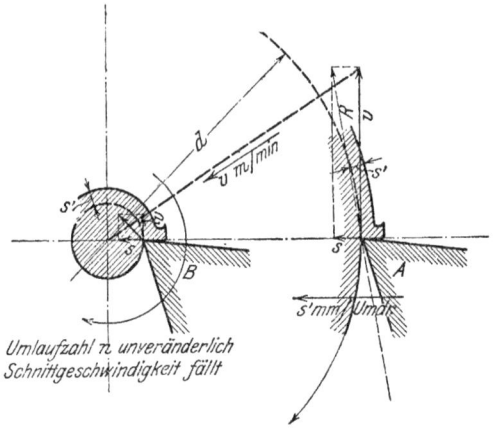

Abb. 83.
Spanstärke s' und Vorschub s bleiben gleich bis zur Mitte.

darstellt, so wird die Forderung gleichbleibender Schnittgeschwindigkeit eine starke Einschränkung erfahren müssen. Abb. 83 zeigt den geradlinigen Schnittgeschwindigkeitsabfall, der eintreten muß, wenn nur eine Drehzahl vorhanden ist, und in den Abbildungen 84 und 85 ist der theoretische Fall angenommen, daß n zum Schluß den Grenzwert ∞ annimmt, v also bis zum Ende des Schneidvorganges unverändert bleibt. In Wirklichkeit läßt man bei den meisten Abstechmaschinen die Drehzahl gegen Ende auf etwa das Fünffache des Anfangswertes ansteigen und erhält dann ein Bild, wie es in Abb. 86 wiedergegeben ist; die Schnittgeschwindigkeit sinkt dann natürlich auch, aber nicht annähernd so schnell wie bei der Maschine nach Abb. 85, und da das Werkstück abzubrechen pflegt, ehe der Durchmesser 0 erreicht ist, so sinkt praktisch die Schnittgeschwindigkeit nie auf 0. Durch Anwendung eines elektrischen Antriebes mit Stufenmotor kann

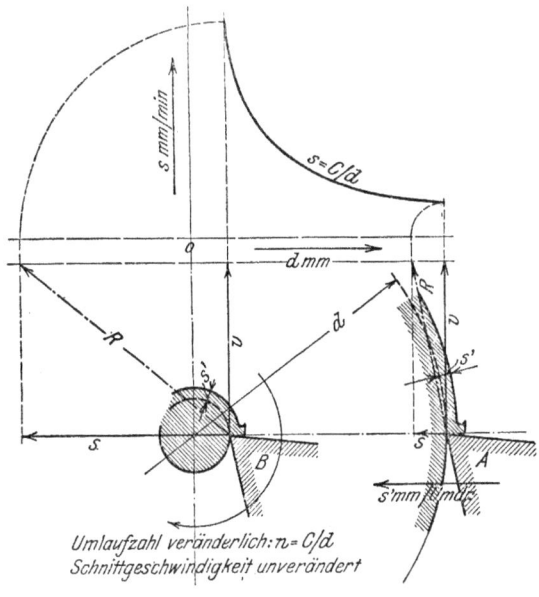

Abb. 84.
Spanstärke s' bleibt gleich. Vorschub s nimmt zu nach der Mitte.

man die Abstechmaschine, wie dies schon von einigen Firmen gemacht worden ist, wesentlich leistungsfähiger gestalten.

Ein Punkt, auf den meines Wissens noch niemals aufmerksam gemacht worden ist, der mir aber gleichwohl der größten Beachtung wert erscheint, ist auch bei der Abstechmaschine die Anordnung des Schaltvorschubes, die ebenfalls an Hand der Abbildungen 83 bis 86 erläutert werden soll.

Gleichbleibende Spanstärke, Abb. 83.

Leitet man, wie dies in der Regel geschieht, den Schaltvorschub von der Werkstückspindel ab, d. h. erfolgt er in mm/Uml., so wird bei zunehmender Drehzahl naturgemäß die Vorschubgeschwindigkeit in mm/min im gleichen Verhältnis wie die Drehzahl zunehmen (Abb. 84), und es liegt die Gefahr vor, daß schließlich das Werkzeug nicht mehr schneidet, sondern nur noch drückt.

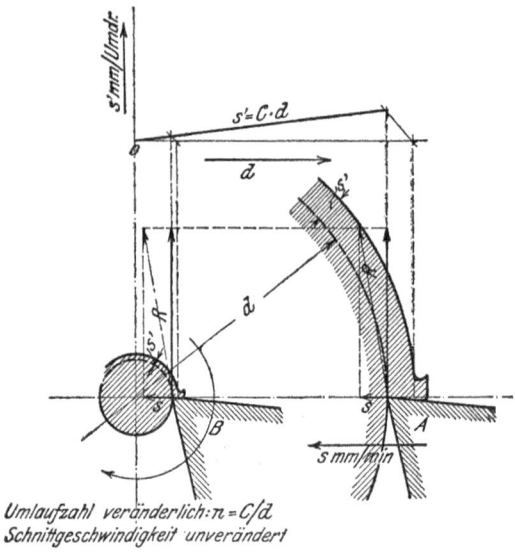

Abb. 85.

Spanstärke s' nimmt allmählich ab bis auf 0; Vorschub s bleibt gleich.

Gleichbleibende Schnittgeschwindigkeit und Spanstärke, ungünstige Arbeit des Werkzeuges, Abb. 84.

Die Spanstärke s' ist wegen des gleichbleibenden Vorschubes in mm/Uml. bis zum Schluß des Abstechens unverändert, wie Abb. 84 ebenfalls erkennen läßt.

Gleichbleibende Schnittgeschwindigkeit, Schaltung gleichbleibend in mm/min, daher Abnahme der Spanstärke nach innen; günstige Arbeit des Werkzeuges, Abb. 85.

Erfolgt dagegen der Vorschub mit der gleichbleibenden Vorschubgeschwindigkeit s in mm/min (Abb. 85), so wird, immer den praktisch unmöglichen Fall der unveränderten Schnittgeschwindigkeit vorausgesetzt, das Verhältnis zwischen

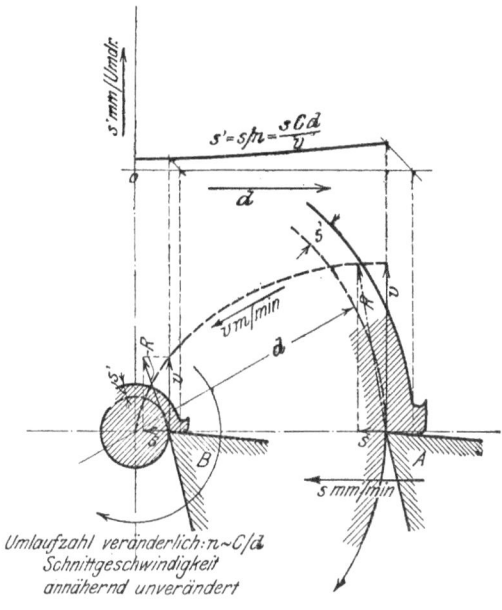

Abb. 86.
Spanstärke s' nimmt ab nach der Mitte; Vorschub s bleibt gleich.

den Größen v und s gleich bleiben und der Stahl bis zur Mitte gleichmäßig gut für den Schnitt anstehen. Natürlich wird anderseits, wegen $s' = \frac{s}{n}$, die Spanstärke zu Beginn des Abstechens größer sein als zum Schluß, was man aber wohl nur als Vorteil ansehen kann; denn zu Beginn des Schneidens ist das Werkzeug scharf, schneidet frei und kann durch eine Stütze nahe der Schneidstelle so abgefangen werden, daß die große Spanstärke ganz unbedenklich ist; daß die Spanstärke gegen Schluß des Arbeitsganges, theoretisch wenigstens, bis auf 0 abnimmt, wird in Ansehung der dann vorhandenen ungünstigen Schnittverhältnisse nur als ein nicht unwesentlicher Vorteil betrachtet werden können.

Drehzahl nimmt zu im Verhältnis 5 : 1, Schnittgeschwindigkeit annähernd gleich, Spantiefe nimmt nach der Mitte ab; günstige Arbeit des Werkzeuges, Abb. 86.

Auch bei der üblichen Steigerung der Drehzahl auf das Fünffache des Anfangsbetrages (Abb. 86) tritt dieser Vorteil ein, wenn auch nicht in demselben Maße wie bei der idealen Anordnung der Abbildung 85.

Jeder Betriebsingenieur ist leicht in der Lage, die Probe auf das Exempel zu machen, indem er einmal versuchsweise den Vorschub unmittelbar vom Deckenvorgelege her antreiben läßt.

Verlag von **Julius Springer** in **Berlin W. 9**

Soeben erschien:

Die Dreherei und ihre Werkzeuge in der neuzeitlichen Betriebsführung. Von Betriebsoberingenieur **Willy Hippler**. Mit 319 Textfiguren. Preis M. 12; gebunden M. 14.60

Ueber Dreharbeit und Werkzeugstähle. Autorisierte Ausgabe der Schrift »On the art of cutting metals« von **Fred. W. Taylor**. Von **A. Waliichs**, Professor an der Technischen Hochschule in Aachen. Dritter, unveränderter Abdruck. Mit 119 Textabbildungen und Tabellen. Preis gebunden M. 15.40

Handbuch der Fräserei. Kurzgefaßtes Lehr- und Nachschlagebuch für den allgemeinen Gebrauch. Gemeinverständlich bearbeitet von **Emil Jurtne** und **Otto Mietzschke**, Ingenieure. Vierte, durchgesehene und vermehrte Auflage. Mit 362 Abbildungen.
Preis gebunden M. 12.—

Die Wärmebehandlung der Werkzeugstähle. Autorisierte deutsche Bearbeitung der Schrift »The heat treatment of tool steel« von **Harry Brearley**, von Dr.-Ing. **Rudolf Schäfer**. Zweite Auflage. In Vorbereitung

Lehrgang der Härtetechnik. Von Dipl.-Ing. **Joh. Schiefer**, Oberlehrer an den Kgl. verein. Maschinenbauschulen und den Kursen für Härtetechnik an der Gewerbeförderungsanstalt für die Rheinprovinz. Unter Mitwirkung von Fachlehrer **E. Grün**. Mit 170 Textabbildungen. Preis M. 7.60; gebunden M. 9.—

Die praktische Nutzanwendung der Prüfung des Eisens durch Aetzverfahren und mit Hilfe des Mikroskopes. Kurze Anleitung für Ingenieure, insbesondere Betriebsbeamte von Dr.-Ing. **E. Preuß**. Mit 119 Textfiguren. Unveränderter Neudruck.
Preis kartoniert M. 4.—

*****Probenahme und Analyse von Eisen und Stahl.** Hand- und Hilfsbuch für Eisenhütten-Laboratorien. Von Prof. Dipl.-Ing. **O. Bauer** und Dipl.-Ing. **E. Deiß** am Kgl. Materialprüfungsamt zu Groß-Lichterfelde-W. Mit 128 Textabbildungen.
Preis gebunden M. 9.—

*****Die Praxis des Eisenhüttenchemikers.** Anleitung zur chemischen Untersuchung des Eisens und der Eisenerze. Von Dr. **Carl Krug**, Dozent an der Kgl. Bergakademie. Mit 31 Textfiguren.
Preis gebunden M. 6.—

* Hierzu Teuerungszuschlag.

Verlag von Julius Springer in Berlin W. 9

Fabrikorganisation, Fabrikbuchführung und Selbstkostenberechnung der Firma Ludw. Loewe & Co., A.-G., Berlin. Mit Genehmigung der Direktion zusammengestellt und erläutert von **J. Lilienthal**. Mit einem Vorwort von Dr.-Ing. **G. Schlesinger**, Professor an der Technischen Hochschule zu Berlin. Zweite, durchgesehene und vermehrte Auflage. Unveränderter Neudruck.
Preis gebunden M. 16.—

---

*Selbstkostenberechnung im Maschinenbau. Zusammenstellung und kritische Beleuchtung bewährter Methoden mit praktischen Beispielen. Von Dr.-Ing. **Georg Schlesinger**, Professor an der Königlichen Technischen Hochschule zu Berlin. Mit 110 Formularen.
Preis gebunden M. 10.—

---

*Einführung in die Organisation von Maschinenfabriken unter besonderer Berücksichtigung der Selbstkostenberechnung. Von Dipl.-Ing. **Friedrich Meyenberg**. Preis gebunden M. 5.—

Der Fabrikbetrieb. Praktische Anleitungen zur Anlage und Verwaltung von Maschinenfabriken und ähnlichen Betrieben sowie zur Kalkulation und Lohnverrechnung. Von **Albert Ballewski**. Dritte, vermehrte und verbesserte Auflage, bearbeitet von C. M. Lewin, beratendem Ingenieur für Fabrikorganisation in Berlin.
Preis gebunden M. 7.60

Grundlagen der Fabrikorganisation. Von Dr.-Ing. Ewald **Sachsenberg**. Mit zahlreichen Formularen und Beispielen. Preis geb. M. 8.—

Werkstättenbuchführung für moderne Fabrikbetriebe. Von **C. M. Lewin**, Dipl.-Ing. Zweite, verbesserte Auflage.
Preis gebunden M. 10.—

---

*Die Betriebsbuchführung einer Werkzeugmaschinen Fabrik. Probleme und Lösungen von Dr.-Ing. **Manfred Seng**. Mit 3 Abbildungen und 41 Formularen. Preis gebunden M. 5.—

---

*Die Kalkulation im Metallgewerbe und Maschinenbau. Mit 100 praktischen Beispielen und Zeichnungen. Von Ingenieur **Ernst Pieschel**. Mit 80 Textfiguren. Preis kartoniert M. 3.60

---

* Hierzu Teuerungszuschlag.

Verlag von **Julius Springer** in **Berlin W. 9**

Technisches Hilfsbuch. Herausgegeben von **Schuchardt & Schütte,** Vierte Auflage. Mit 488 Abbildungen und 7 Tafeln.
Preis gebunden M. 3.60

Die Werkzeugmaschinen, ihre neuzeitliche Durchbildung und wirtschaftliche Verwendung in der Metallindustrie. Ein Lehrbuch zur Einführung in den Werkzeugmaschinenbau von **Fr. W. Hülle,** Prof. an den vereinigten Königlichen Maschinenbauschulen in Dortmund. Vierte, verbesserte Auflage. In Vorbereitung.

Die Grundzüge der Werkzeugmaschinen und der Metallbearbeitung. Von Professor **Fr. W. Hülle,** Dipl.-Ing., Dortmund. Zweite, verbesserte Auflage. Mit mehr als 200 Textabbildungen.
In Vorbereitung.

***Leitfaden der Werkzeugmaschinenkunde.** Von Prof. Dipl.-Ing. **Herm. Meyer,** Oberlehrer an den Kgl. verein. Maschinenbauschulen zu Magdeburg. Mit 312 Textabbildungen. Preis gebunden M. 5.—

***Die Richtlinien des heutigen deutschen und amerikanischen Werkzeugmaschinenbaues.** Von Dr.-Ing. **Georg Schlesinger,** Professor an der Technischen Hochschule zu Berlin. Preis M. —.80

***Arbeitsweise der selbsttätigen Drehbänke.** Kritik und Versuche. Von Dr.-Ing. **Herbert Kienzle.** Mit 75 Textabbildungen.
Preis M. 3.—

***Die Werkzeuge und Arbeitsverfahren der Pressen.** Völlige Neubearbeitung des Buches »Punches, dies and tools for manufacturing in presses« von Joseph V. Woodworth von Privatdozent Dr. techn. **Max Kurrein,** Betriebsingenieur des Versuchsfeldes für Werkzeugmaschinen an der Kgl. Technischen Hochschule zu Berlin. Mit 683 Textabbildungen und einer Tafel.
Preis gebunden M. 20.—

***Die Organisation der Normalisierung bei der Firma Orenstein & Koppel — Arthur Koppel A.-G., Berlin.** Von **Adolf Santz,** Berlin. Preis M. —.50

***Grundzüge für die Normalisierung von Walzeisen mit rechteckigem Querschnitt.** Von **Adolf Santz,** Berlin. Preis M. —.50

---

* Hierzu Teuerungszuschlag.

Verlag von **Julius Springer** in **Berlin W. 9**

Werkstattstechnik
Zeitschrift für Fabrikbetrieb und Herstellungsverfahren

Herausgegeben von

Dr.-Ing. Georg Schlesinger
Professor an der technischen Hochschule Berlin

A. Ingenieur-Ausgabe

Jährlich 24 Hefte. — Preis vierteljährlich M. 3.50

Die Ingenieur-Ausgabe wendet sich an alle in der Maschinenindustrie technisch oder kaufmännisch Tätigen.

Sie bringt Musterbeispiele aus der Fabrikorganisation mit allen Einzelheiten der Buchführung, Lohnberechnung, Lagerverwaltung, sowie des Vertriebes, der Reklame, der Montage usw.

Dem Ingenieur und dem Techniker am Konstruktionstisch, und im Zeichensaal, wie auch im Betrieb der Werkstatt, zeigt sie neuzeitliche Fabrikationsverfahren, Neuerungen an Werkzeugmaschinen usw

B. Betriebs-Ausgabe

Jährlich 24 Hefte. — Preis vierteljährlich M. 1,50

Die Betriebsausgabe ist für die Werkmeister, Vorarbeiter und Arbeiter bestimmt. Sie will zur Hebung ihrer Leistungen beitragen und bringt fortlaufend zahlreiche neue praktische Anregungen, Winke und Konstruktionseinzelheiten.

Sie regt an zur Untersuchung und Erklärung von Betriebs- und Organisationsfragen, zur Erprobung und Einführung neuer Systeme und Vordrucke, vor allem zu der seit Jahren in der „Werkstattstechnik" befürworteten Normalisierung.

Abbonnements durch die Post, den Buchhandel sowie direkt vom Verlag

Probehefte jederzeit unberechnet durch die
Verlagsbuchhandlung Julius Springer, Berlin W. 9, Linkstaße 23/24.

Die Betriebsleitung insbesondere der Werkstätten. Von **Fred. W. Taylor.** Autor. Ausgabe der Schrift »Shop management«. Von **A. Wallichs**, Prof. a. d. Techn. Hochschule, Aachen. Dritte, verm. Auflage. Unv. Neudruck mit 26 Abb. u. 2 Zahlentaf. Preis geb. M. 7.20

Aus der Praxis des Taylor-Systems. Von Dipl.-Ing. **Rudolf Seubert.** Zweiter unveränderter Neudruck. Mit 45 Abbildungen und Vordrucken. Preis gebunden M. 9.—

***Das ABC der wissenschaftlichen Betriebsführung** (Taylor-System). Von **Frank B. Gilbreth.** Freie Ueberseszung von Dr. **Colin Ross.** Unveränderter Neudruck. Mit 12 Textabbildungen.
Preis M. 2.80

---

* Hierzu Teuerungszuschlag.

If you have any concerns about our products,
you can contact us on
ProductSafety@springernature.com

In case Publisher is established outside the EU,
the EU authorized representative is:
**Springer Nature Customer Service Center GmbH
Europaplatz 3, 69115 Heidelberg, Germany**

Printed by Libri Plureos GmbH
in Hamburg, Germany